Idea man

Idea
man

18秒超強自我介紹術

PERFECT SELF INTRODUCTION

翻轉人生，把人脈、工作、
財源通通吸過來！

人才培育顧問／自我介紹專家
橫川裕之——著
韓宛庭 譯

前言——自我介紹不是要你傻傻介紹「自己」

感謝您翻閱本書。

相信這也是某種指引，就算只看「前言」也好，請先耐心看完它。

如果讀完「前言」仍覺得毫無收穫，那就不必勉強，快點把書闔上吧。

我直接進入正題：

「你擅長自我介紹嗎？」

自我介紹是你心理素質、人格特質、社會適應力乃至人生總合的縮影。一切就發生在短則數秒、長則數十秒的自我介紹中，旁人可以從中看出端倪。

倘若你自認是個自我介紹高手，本書可能不適合你。因為，你已經透過自我介紹獲得正向回饋，請抬頭挺胸保持下去。

相反地，倘若你自認「不擅長」、「會是會，但不怎麼厲害……」，我有自信光是看完「前言」就能幫上你。

我應該先介紹自己是誰，我叫橫川裕之。

我有幸寫下第二本教人如何自我介紹的工具書，自己卻不擅長自我介紹。每次置身賓客輪流自我介紹、談笑風生的場合，我光在腦子裡演練自己的台詞就忙不過來，別人在說什麼都聽不見。駝著的背和僵硬的表情，早已宣告了「我害怕自我介紹」。

等到終於輪到我上場，我又因為說話速度太快、音量太小，連自己在說什麼都不知道，別人聽得懂才奇怪。人對於無法捉摸的事物會產生戒心，當然不想主動接近。我想擺脫當隱形人的痛苦，才會發憤研究各行各業的一流人士都是如何介紹自己。

研究出心得以後，我藉著主辦「日本第一午餐會」等餐敘活動的機會，替來賓同步調整自我介紹，目前已替超過三千人修改自我介紹並發揮成效。我發現，在同樣的時限內，有人能透過自我介紹獲得滿堂喝采，有人則乏人問津。我把兩者之間的差異彙整成書，在四年前（二〇一六年）出版了《自我介紹的技術》（台灣由光現出版於二〇一八年出版，現已絕版）一書。

我在上一本書中，提出了一個重要的新概念：**成功人士聊未來，失敗人士聊自己**。意思是說，自我介紹要闡述的是「未來」，不是「自己」。這套顛覆傳統的新觀念在推出之後大受好評，經過多人證實，紛紛回傳好消息：

- **教職人員在開學第一天用自我介紹擄獲學生的心。**
- **男性上班族在轉職第一天迅速融入新職場。**
- **女子單身三十五年，如願找到真愛、步入禮堂。**
- **推拿院院長名氣傳千里，有人不惜搭飛機來求診。**
- **保險業務員憑著餐敘上的自我介紹，獲得數千萬圓的資產運用委託案。**
- **社會福利保險專員，在修改自我介紹後，馬上接到二十萬圓的專案。**

我也受惠於這些人，收到來自各界的課程邀請，許多企業和工會紛紛邀我去演講，分享其中的奧妙。

▼擅長自我介紹的人是稀有動物，學會了就是贏家

我在開頭問了這個問題：「你擅長自我介紹嗎？」事實上，每當我在自我介紹活動開場前，詢問現場來賓同樣的問題，舉手的人都少得可憐。

偶爾遇到有人舉手，不是本身從事需要在人前說話的工作，就是從小喜歡站上舞台搞笑，因此練就一身自我介紹的本領。還有另一種人，他們是少數察覺自我介紹的重要性，不忘在日常生活中磨練技巧的普通人。

沒錯，擅長自我介紹的人其實很少，所以這才是一個推銷自己的絕佳舞台。

為什麼呢？這是因為，人看到其他人能輕鬆駕馭自己辦不到的事情，會下意識地崇拜他。這在心理學領域叫做「光環效應」（halo effect），你最搶眼的部分特質，將決定別人對你的整體印象。換句話說，一項超乎常人的優點，能在第一時間營造精明幹練的良好形象。

美國心理學家愛德華・桑代克（Edward Thorndike）做過一個實驗，他請軍隊中的長官替部下打分數，結果整體得分高的，全是在某方面表現傑出的人。**搶眼的特質會決定一個人的整體印象。同樣地，你對別人產生的印象分數，也多半來自於那些搶眼特質**。這可以應用在自我介紹上。不擅長自我介紹的人，看到別人充滿自信地介紹自己，會產生一種「好厲害」的崇拜心，相信你也有過類似經驗。

以我自己主辦的「日本第一午餐會」來舉例，一位來賓的自我介紹時間通常很短，長則十八秒，短則九秒，時間到就會強制結束。你可能覺得太短太嚴格，但正因為難度極高，如果能在時限內把想表達的主旨都放進去，並且贏得滿堂喝采，等著和你交換名片的人也會大排長龍。

在規定時間內條理清晰地表達主旨，會給人一種頭腦明晰、辦事有力的印象，一舉贏得眾人信賴。這也是一種光環效應。

妙就妙在，自我介紹明明是認識一個人的必經過程，願意花時間練習的人卻少之又少。正因為擅長的人很稀少，只要你肯練，就能脫穎而出，成為群眾之中的耀眼人物。

改變自我介紹，人生也會時來運轉

有些人也許認為「自我介紹可以改變人生」的說法太浮誇，但我自己就是活生生的例子，其他實踐者也因此改變了命運。有個說法是「認識哪些人，決定了你人生的方向」。如果你一直覺得自己運氣不好，沒有貴人相助，也許只是自我介紹的方向出了問題，經過調整以後，就能吸引不同一群人前來。說不定，這些人就是你生命中的貴人。

本書距離上一本書在日本出版又過了四年，經過全新的編排調整，濃縮了自我介紹的基礎知識和實戰技巧，幫助讀者用最快的速度消化吸收、旗開得勝。

第一章寫人人都會犯的「自我介紹的盲點」。知道盲點在哪裡，就能迅速避開容易被人忽略的介紹方式。

第二章教你如何發掘潛在的「優點和強項」。

第三章列出「自我介紹的種類」，幫助你明確吸引目標客群。你現在也許半信半疑，覺得「怎麼可能辦到」。但別忘了，你會看到這段內容，也是因為「被書名吸引了」。

第四章首次公開繼上一本書出版之後，詢問度最高的「社群網路自介法」。

第五章是「自我介紹表達術」。如果想用最快的速度驗收成果，請直接跳到第五章練習，裡面列出了使用「特定動作」加強光環效應，並消除緊張的實用技巧。

此外，本書亦收錄許多可直接用身體感受的行動練習，協助你檢視自我狀態。請務必找朋友一起練習，你將會因為自己擁有的無限潛能而驚訝。

感謝你讀到這裡。如果這些內容有提起你的興趣，不妨給自己來份全新的自我介紹當作禮物，跨出改變人生的第一步！

目錄

第2章

發掘「自己的優點」

第3章

超強自我介紹煉成術

第4章 社群網路專用自介法

第5章 吸睛自我介紹必備條件

第

1

章

自我介紹
早在你開口說話以前
就開始了

讓人左耳進右耳出的無趣介紹！

「自我介紹在你開口說話以前就開始了。」

我知道這聽起來有點扯，但許多人都忽略了這個事實。對自我介紹不拿手的人，常常誤以為只有「輪到我說話時」才是自我介紹。

他們常有以下煩惱：「不知道要說什麼」、「沒有厲害的專長」、「容易怯場」等。

容我反問：「假設這些問題都排除了，你的自我介紹就能讓人眼睛一亮嗎？」

答案是「否」。因為，即便有了說話的主題、融入厲害的專長、訓練到能在人前侃侃而談，別人聽了沒反應，都是白搭。

「咦？可是大家應該都有聽到吧？」沒錯，輪到你說話時很容易有這種感覺，但請反過來思考，假設你是一名聽眾呢？

若在多達數十人的講座及交流會上問你：「每個人的自我介紹，你都有聽進去？」我想在場沒人能自信滿滿地回答：「有。」

因為「沒有」才是正常的。人會下意識地把其他人的自我介紹區分為「想聽」和「不想聽」。那麼，關鍵在哪裡呢？

重點整理

話說得再溜，別人不想聽都沒有用。

人會下意識地選擇「想聽」或「不想聽」

換作是你，想聽什麼樣的人自我介紹呢？

這個問題有各種不同的答案，我將常見回答分為以下三大類：

一、狠角色、名人，或主辦單位的推薦人選；

二、外貌出眾；

三、（感覺）願意聆聽我的需求。

接下來為你各別分析。

一、狠角色、名人，或主辦單位的推薦人選

這通常出現在交流會或酒會場合。

心理學有個術語叫「彩色浴效果」（color bath），指的是人會比較容易看見自己想看的東西、平時留意的資訊，以及與自己相關的事物。反過來說，感覺和自己無關的東西，不容易被大腦接收。

不過，倘若一位陌生人在自我介紹以前，先由主辦方大力推薦，即使你本來興趣缺缺，也會因為「既然人家這麼用力推薦」，瞬間湧出好奇心。

另外，就算沒有主辦方幫忙推薦，只要其他來賓竊竊私語「這個人可是狠角色呢」，你一定會突然感到好奇。你的好奇不是因為這個人實際上做了什麼，而是單純好奇傳聞中的主角。

擁有亮眼成績及高知名度的人，自我介紹的方式多半很簡單，只需單純報上「名號」，說聲「請多指教」就夠了，刻意闡述功績可能還會適得其反。所以，他

們通常不自己說，而是靠著別人「替自己口耳相傳」。這些「狠角色」已經習慣這種模式，不見得會把自我介紹看得很重要。

成績和知名度，絕非一夕可得。不過，如果在活動籌辦期間，有主辦單位幫忙宣傳，整理來賓一覽表，你就能提前透過社群網路找到這些人、追蹤他們，甚至互加好友，吸引他們的注意。

我自己在辦活動時也會加入巧思，藉由臨時提高難度來增加挑戰性。提高難度能提升聽眾的專注力，使他們好奇其他人會如何克服挑戰。即使無法在時限內把話說完，大家也能對演說者的挑戰精神產生共鳴，以此拉近距離。

▼二、外貌出眾

其次是外貌出眾的人。這裡的外貌不是單指俊男美女，還包含了流行品味、姿勢儀容等。我自己完全沒有資格談論天生的容貌和流行品味，在此就不深入討論。

本節談「姿勢儀容」。早在開口介紹以前，那些笑臉迎人、姿勢端正的人，便靠著聆聽和用餐時間，不費吹灰之力，抓住了眾人的心。

這裡說的「姿勢端正」，指的是伸直背部、抬頭挺胸的狀態。在這種狀態下，脊椎骨也會跟著拉直。

現代人長時間使用智慧型手機和電腦，多少養成了脖子前傾、彎腰駝背的壞習慣。因此，如果有一個人的姿勢很漂亮，沒有彎腰駝背、縮頭縮腦，轉眼就能在人群之中脫穎而出。

▼三、（感覺）願意聆聽我的需求

人會下意識地尋找「願意聽我說話」的人，並且好奇這些人如何介紹自己。為什麼呢？

這包含了兩種情形。

一種是業務員，他們需要尋找合適的客戶提供商品和服務，因此會習慣性地過濾出「願意聽我說話」的目標，仔細聆聽他們的自我介紹，記錄結束後可用來攀談的話題。

另一種是「專心聽我說話」的人。

在公眾場合自我介紹時，多數人最擔憂的就是「沒人聽我說話」。事實上，能夠專注聆聽的人實在不多。不擅長自我介紹的人，在輪到自己開口以前，根本無法分神去聽別人說話，「等一下要說什麼？」、「會不會吃螺絲？」占據了他們的腦海。因此，他們看似在聽，其實沒有聽進去。等到他們終於說完後，又會因為突然放鬆下來而進入放空狀態，無法聽進別人說話。

這時候，如果有一個人願意專心聽你說話，你自然會把臉轉向他。輪到對方開口時，你也會用同樣的態度鼓勵對方說話。

「希望別人聽我說，自己卻不願意付出」是常見通病，因此，你所要做的就是「好好聽別人說話」！如此一來，就算你講得不好，也能比其他沉浸在自己世界的人，留下更好的印象。

「想聽誰自我介紹」只在一念之間，我相信除了上述三種情形，還有很多其他因素造成影響，不妨反過來思索自己的判斷標準，以當作參考。

重點整理

人會下意識地選擇要聽誰說話，原因有「是否關注自己」、「外貌好感度」等。

自我介紹不只是開口說話

談到自我介紹，人們常把焦點放在說話上，但別忘了，自我介紹可是由「傳送者」與「接收者」兩者所構成。換句話說，**有了聆聽者，自我介紹才會成立。**這不只適用於自我介紹，所有對話都是如此。

每個人或多或少都「渴望被了解」，然而，現實無法盡如人意，肯了解你、信賴你、接受你的人少之又少。和「渴望被了解」的廣大需求量相比，願意花心思去「了解別人」的人真的太少了，因此造成了供需失衡的狀態。

所以，假如你不知道該在自我介紹時說些什麼，不妨先認真傾聽別人說話，嘗試了解他們，以此作為第一步吧。

物以稀為貴，因為肯主動付出關懷的人實在太少，只要你願意傾聽，就有機會成為那匹黑馬。如此一來，哪怕你不擅長在人前說話，台下也有許多人等著聽你說。

重點整理

因為有太多人「渴望被了解」，只要你願意付出，就會有人聽你說話。

邊聽自我介紹，邊想像對方的生平背景

聆聽別人自我介紹時，除了把一字一句都聽清楚，還有一點一定要放在心上，那就是「一邊想像對方的生平背景」。

「他經歷過哪些大風大浪？」
「他在什麼樣的環境長大？」
「他平時都接觸哪些類型的客戶呢？」

在腦中勾勒出那些畫面，有助於集中注意力，專心聽別人自我介紹，不會一直

分神糾結自己要說什麼。

▼確認自己想的對不對

我們無法光憑自我介紹，得知自己猜想的對不對，正因為不清楚，反而能引發好奇心。

人一旦建立了假設，就會忍不住想求證。在自我介紹的場合，我們會在意自己究竟猜對了幾成。最佳的求證途徑是：自我介紹活動結束後，親自找對方攀談吧。

「我聽了您的介紹，對內容很感興趣。您提到自己都是這麼做，請問方便和我分享您的心路歷程嗎？」

「您提到自己都是這麼做」，這句請填入對方說過的內容。為了因應這種時候，行有餘力記得做筆記。

反過來也是，其他人聽完你不吝分享的經歷後，也會回饋性地提出問題，這時候就大方地回答吧。

你應該已經抓到重點了：聽別人說話，就是使別人反過來聆聽的最佳捷徑。

如果對方只顧著自己說，完全不顧慮你的感受，表示這個人不懂得付出，只想著接受，不幸遇到的話就保持距離吧。

另外，當對方主動上前攀談，你也可以稱讚對方的介紹內容，針對背景請教問題。這個人已經被你的自我介紹吸引，如果再加上「他竟然記得我說過的話」，絕對在印象上大大加分，馬上變成你的忠實粉絲。

重點整理

聽時一邊想像對方的生平背景，
不但能加深聆聽時的興趣，
對方也會反過來好奇聽你說。

自我介紹不可或缺的東西

你也許會想：「好的，我已經知道物以稀為貴，聽別人說話真的很重要了。但我還是希望學會厲害的自我介紹招數，讓別人一聽就愛上。」

身為長年研究自我介紹表達術的專家，我完全明白那種「聽吧！求求你們聽！」的焦慮心情。但別忘了，焦慮的心情很容易流露，太過急切地想要別人聽，反會使人退避三舍。

請記得，你已經認真聆聽別人自我介紹，並且透過詢問贏得好感。站在對你已經有好感的人面前說話，為什麼需要焦慮呢？

原因來自「沒自信」。如果有自信，根本不需要緊張。

但是，想要別人聽你說話，一定要拿出自信心。

你可能會接著問：「怎麼培養自信心？」我會在下一節的內容告訴你。

重點整理

焦急地「求別人聽」以前，不如先進一步了解別人，使別人對你產生好感。

自信不是相信自己

自信不是相信自己。仔細看，漢字裡只寫了「自」與「信」。這邊的「自」真的是「自己」嗎？

如果不是「自己」，指的又是什麼呢？

日本知名日韓混血武術家藍儂李（本名李隆吉，藝名取自約翰・藍儂與李小龍）曾經拜中國武術為師，繼承了正統的「孫子」武學。他說，「自」指的是「自然」的「自」，而這邊的自然，還包括了整個大宇宙的訊息。

換句話說，「自信」指的是「相信自然」、「相信大宇宙的訊息」。因為「自己」是從整個大宇宙分割而來，所以，我們也可以把「自己」定義為「大宇宙訊息中的我」、「大自然中的我」。

不過，大宇宙訊息對許多人來說可能太抽象，在此，我取用「自然」的意思來解釋。「自信」，也可以定義為「相信自然」。

相信自然，就是相信比自己廣大的存在，明白一切只能「隨遇而安」。一旦這麼想，緊張焦慮也會自動消除。

光用字義來解釋，說服力還稍嫌不足。接下來，我將按照分類，以論證的方式為你說明。

重點整理

自信指的是相信大宇宙訊息與大自然（比自己廣大的存在）。

只要建立自信心，緊張焦慮也會自動消除。

每個人都有獨一無二的專屬位置

本節為你分享教育培訓講師木下晴弘的故事。木下先生至今在超過三十五萬人面前演講，也是著作《流過的淚就是你成長的痕跡！》（〔涙の数だけ大きくなれる！〕，暫譯，forest出版）熱銷突破十萬冊的暢銷作家。我和木下先生一同主持過幾次講座。

他在從事現在的演講事業以前，曾是補教界的王牌數學名師，教出無數頂尖名校學生，在學生間的支持率高達九十五％。

但是，木下先生在投身補教界之初，也經歷過學生屢勸不聽、萬念俱灰的撞牆期。在補教界當老師並不容易，學生的支持率一旦低於標準門檻就會被炒魷魚，木下先生曾用盡一切方法想保住飯碗，學生的反抗卻越演越烈。

「搞什麼，老師，你怎麼還在啊？我已經在問卷上寫負評，要他們開除你了！」

木下先生和學生的關係曾降至冰點，不管做什麼都只有被罵的份，當時補習班裡的王牌講師很擔心他的狀況，介紹了一位貴人給他。

▼人活著是天意，不是自己決定的

當時，木下先生在大阪教書，同仁為他引薦的老師住東京。他因為評鑑分數太差，被扣薪水，連車錢都快湊不出來。即使如此，木下先生仍決定放手一搏，去東京拜會貴人。聽說兩人剛見面，那位老師劈頭就問：

「木下老弟，我先問你一個問題，你工作是為了什麼呢？」
（這邊邀請讀者一同思考，如果被問的人是你，你會怎麼回答呢？）

木下先生一時之間回答不出來。為了錢、為了生活……腦中雖然想到各種說法，總覺得每一個都很丟臉，所以他靜靜的沒開口。

沉默了一會兒，老師對他說：

「木下老弟，你知道嗎？每個人生下來都有屬於自己的職責，工作是為了完成那個職責。」

木下先生身為數學老師，難以認同科學無法證明的東西。

（這個說法毫無根據。）

木下先生內心這麼想，忍不住說：

「老師，恕我回嘴，我不懂每個人一定有他專屬職責的說法，根據是什麼？能用科學方式和我說明嗎？」

「沒辦法……不過，我可以用其他方式解釋到你明白為止。」

木下先生聽到這段話的當下其實很生氣。但是，即使那位老師已經察覺他的怒氣，依然面不改色，又問了他一個問題：

「你認為地球的自然界，有東西是多餘的嗎？」

「自然界嗎？自然界有它的機制，沒有東西是多餘的……」

回答之後，隔了一秒，那位老師對他說：

「正是，自然界有它自己的平衡機制，沒有東西是多餘的。而我們人類不也是自然界的一份子嗎？既然這樣，每個人活著都是有意義的，沒有人是多餘的，每個人生下來都有屬於自己的職責。」

木下先生聽到這些話的當下，連聲音都發不出來。

反駁這個說法需要證明兩件事：一、自然界有多餘之物；二、那個多出來的東西就是我們人類。

老師繼續丟出問題：

「木下老弟啊，你能暫停心跳五秒嗎？」

「不行。」

「那麼，你可以在現在這一刻，讓心跳加快兩倍嗎？」

「辦不到，人無法控制心跳。」

「這就對了，我們無法控制心跳。也就是說，人活著是天意，不是自己決定的。」

木下先生聽了啞口無言。

老師繼續問：

「你知道上天為什麼讓我們活著嗎？」

木下先生已經陷入驚慌，回答不出來。

「因為職責還沒結束啊！等職責結束了，人就會靜靜回歸塵土。」

以上就是木下先生和我分享的小故事。

如果當時，木下先生身為講師的職責已經結束，補習班早就炒他魷魚，不會有高人前輩擔心他，出面指點迷津。如果沒有差點被解僱的經驗，木下先生也不會遇到生命中的貴人，進而了解自己的使命，成為日後的王牌講師；而我們也不會聽到這個故事了。

仔細想想，不覺得很神奇嗎？**在想像不到的自然界運作下，每個人終會完成自**

己的使命。

自信，就是相信冥冥中自有安排。

重點整理

世界上沒有人是多餘的。

每個人生下來都有屬於自己的職責。

聆聽是暗示自信的最佳方式

越是沒自信的人，越容易在輪到自己開口前反覆糾結，聽到別人介紹的內容就開始緊張「我得說得比他好」，拚命想要彰顯自己，一方面又在內心擔心失敗，時時刻刻在意著聽眾的反應。

行動就是最大的暗示。你越去做那些沒自信的事，越會讓自己中了沒自信的暗示。

相反地，有自信的人懂得「盡人事聽天命」，他們會預先準備好自我介紹，並在別人開口介紹時，做個稱職的聽眾。

有自信的人，無論面對任何狀況都能積極以對。倘若自己說完後，聽眾反應熱烈，那當然再好不過。若是反應冷淡也不用太過著急。他們會想，至少自己已經把握機會練習，之後就能針對缺點進行改善。當然，在意自己的自我介紹如何被看待是人之常情，但這表示其他人也跟你一樣緊張。既然如此，你要做的更應該是好好體恤別人的心情，拿出專注的態度，豎耳傾聽。

▼第一步從滿足別人的需求開始

亞當・格蘭特（Adam Grant）在他的代表著作《給予：華頓商學院最啟發人心的一堂課》（*Give and Take: A Revolutionary Approach to Success*）中，將樂於付出的人稱作「給予者」；只想當伸手牌的人稱作「索取者」，而「聆聽」的行為，形象接近「給予者」。

人最感興趣的對象總是自己。在意自己，也期望別人注意自己，所以才會過度在意別人的反應，深怕自己搞砸了。在這種心態驅使下，若不是相當程度的自戀狂，多數人都願意對給予付出的人同等的好奇和關注。

「施比受更有福」。請記住，希望別人聽你自我介紹，你要做的第一步就是傾聽別人自我介紹。

這當然不限於「自我介紹」。我們平時就應該多多練習在日常生活中傾聽別人說話。平時沒養成聆聽的好習慣，到了社交場合忽然要聽會更加困難，忙著醞釀自己要說的內容就忙不過來，完全忘了要聽別人說話。

如同前面說過的，多數人只想著「如何推銷自己」。「求關注」的人太多，提供需求的人太少，導致供需嚴重失衡。物以稀為貴，你要做的第一步，就是當一個良好的聽眾。

話雖如此，倘若實際上場，你無法精準表達自己是誰、從事什麼行業、目標是什麼，別人也無法找上你。因此在下一章，我會教你如何找出自我介紹的好材料。

重點整理

人會好奇關注自己的人是誰。

養成傾聽別人說話的良好習慣，要從平日做起。

第
2
章

發掘
「自己的優點」

沒有食材就燒不成一桌好菜

本章教你如何「發掘自己」，從中尋找自我介紹的材料。我收到很多詢問都是關於「自我介紹不知道要說什麼」，原因大致分成兩種：

一、十八般武藝樣樣精通，不知該從何說起。

二、認為自己沒有特殊專長，沒有東西可說。

前者只占了一成，後者占了九成，你是哪一種呢？

我們常用燒菜來比喻自我介紹。如果當你準備要下廚時，打開冰箱，發現裡面什麼也沒有，當然做不成菜，對吧？問題出在，許多人還沒補充食材，就急著要自我介紹。

這裡說的「食材」，就是你的「強項」。

當然，「靠食材本身一決勝負（＝展現真實的自我）」也是一個選擇，但你之所以拿起這本書、讀到這一頁，多半是因為這條路不順利，才想好好研究自我介紹的技巧，對吧？

每個人一定都有他才擁有的優點。後面會教你如何發掘自己的強項，只要認真思考，每個人至少擁有六十四個優勢。等你找出六十四個優勢，反而會不知該從何說起，成為那少數的一成。

世界上沒有兩個人的生命經驗會完全一模一樣，每個人一定都有屬於他的使命，為了完成使命，你也會具備相對的優點。

▼找出「強項」前需要做的

馬上來發掘強項吧！……我也很想這麼告訴你，但這不是可以急就章的。沒做好萬全的心理準備倉皇上陣，到頭來只會自我質疑：「這真的是我的優點嗎？」一旦產生動搖，按照強項寫成的自我介紹也會失去信服力。

自己都不認同的自我介紹，說出去當然無法打動人心。

若是覺得名不符實，聽完別人的自我介紹後會心生動搖，覺得：「這樣說真的好嗎？還是別說了吧。」最後臨陣放棄了辛辛苦苦寫好的自我介紹。

「好不容易寫了這麼棒的自我介紹，為什麼最後沒說呢？」

我對此深感訝異，進一步詢問那些人為何最後沒說，才知道原來他們在上場之前，沒有切換成發揮強項時的心理狀態。

也就是說，「沒有調整到最佳心理狀態」，使他們產生了「自己其實沒這麼強」的錯覺。

這是我的失誤。很長一段時間，我忘記了要磨練心理素質。這一次，我希望你先從相信自己擅長的事情開始練習，拿出最佳心理狀態，來做本章中間穿插的實作練習。

重點整理

每個人都有自我介紹可說的「傲人強項」，但是，你若表現得很心虛，將無法取信於人。

表現成果＝行為×心態

接下來為你介紹的實作練習，是連續七年帶領任教中學學生，勇奪十三次田徑全日本大賽冠軍的名師——原田隆史先生教我的。

原田老師去UNIQLO做教育演講時，人員借他看了工作手冊。

「每個員工都是照著公司教的SOP去做，為什麼有人表現好，有人表現差呢？」

在尋求解答的過程中，他們最後發現，差就差在「心態」。

一個人面對一件事情時，用的是主動積極的心，還是消極被動的心，將會大幅左右表現成果！

具體來說，主動和被動的心情，會如何影響一個人發揮實力呢？下面為你介紹有感練習，請務必找身邊的人一起試試。

「訓練主動」的有感練習

① 兩人一組，決定誰要當A，誰要當B。
② B把手放在A的雙手上。
③ A說「我的手『被』壓住了」，嘗試抬起B的手。
如果雙方力氣沒有明顯差距，你會發現手抬不起來。
④ A接著改說「我『撐住』你的手」，重新嘗試抬起B的手。
⑤ 一套動作結束後，雙方交換，重複二~四遍。

在③時抬不動的手，在④時可以順利抬起。僅僅只是「被壓住」和「撐住」兩個字的差距，迎接挑戰的心情就完全不同。積極和消極的心情，會如實反應在力氣上，只要用可以充分發揮實力的狀態上場，成果就在你的眼前。

自我介紹時也一樣，用主動或被動的心情上場，會大幅左右自我介紹的感染力。

接下來也請你繼續用「主動」的心情閱讀本書，一起動一動吧。

重點整理

主動迎接挑戰和被動接受挑戰，兩者發揮的實力將會截然不同。

你是經營者嗎？

這個問題有點突然，但請問：「你是一位經營者嗎？」如果「不是」，請接著回答下面的問題：

「請問，你的人生由誰經營呢？」

答案是你，對吧？如果看到第一個問題馬上回答「No」，表示你自動把「經營者」想成公司「老闆」了。

若在前面加上「人生」二字，我們每個人，都是人生的經營者。拿公司來比喻，公司靠利潤來維持營運，利潤則來自於販賣商品。

我繼續問：

「你的人生公司，賣的是什麼商品？」
「這家公司由誰負責開發商品？」
「這家公司由誰負責販賣商品？」

三個答案都是你自己。換句話說，人打從生下來，就同時具有經營者、商品、商品開發者及商品銷售者的四重身分。

「這家公司的老闆是誰？」「我想一下……」無論是誰，聽到這種答法，都無法信任這家公司吧。

「你們公司賣什麼呢？」「不清楚耶……」同樣地，聽到這種答法，沒有人敢買這家公司的商品吧。

你希望自己的人生公司有盈餘，還是虧損呢？答案當然是前者。

那麼，想要公司有盈餘，該怎麼做呢？答案就是：把自己的強項販賣給需要的人。形式可以是就業、經營個人事業、真的開一家公司等等……選項非常多元，前提是，你要先賣出自己的強項，才能讓公司維持盈餘。

重點整理

每個人都是「人生經營者」，想要人生有盈餘，就要販賣自己的強項。

一間公司一定會有的中心理念

盈餘是獲利之後得到的結果，這是人民貢獻社會的一種方式，也是你應得的回饋價值。請仔細思考，你希望在社會上的哪個環節貢獻己力呢？想要為了什麼目標而努力呢？今後想朝什麼方向前進呢？希望用什麼方式善盡社會責任呢？定義這些東西的，就是「理念」和「志向」。

假設你在某間公司上班，那間公司一定有它創設的理念，明確定義了員工的存在目標。既然你在那裡上班，表示你是受聘的一方，而公司會雇用你，就是希望你進公司以後，協助完成公司的中心目標。

每間公司都有中心理念；同樣地，你身為人生的經營者，必須制定屬於你的經營目標。

重要的事必須再三強調：每個人生下來，一定都有那個人才能完成的職責，這就是存在的目的。你擅長的事情，會協助你完成使命。

本書用「志向」一詞來表達存在目標。這個詞的語源是「心之所向」。你的心向著哪裡，發揮的能力就會往那裡發展。是自己嗎？家人嗎？朋友嗎？範圍在某個地域嗎？還是遍及全日本、全世界？或是後代子孫居住的環境？志向在哪裡，由你自己決定。

「我要打造一個世界，在那個世界裡，每一個人都能把幸福帶給重要的人」，就是我在撰寫本書時的志向。

▼無法滿足自己的人，同樣無法滿足別人

接著，請你舉出「五個最重要的人」，你會先想到誰呢？請仔細回想那五個人

的臉孔，他們是你的家人嗎？朋友嗎？還是恩師呢？相信大家的眼前浮現了各式各樣的熟面孔。

我再問下去：「請問那五個人當中，包含你自己嗎？」

如果你有想到自己，那是一件很了不起的事。至今我請許多人做過這個聯想練習，只有約一成的人想到自己，有時甚至全員都「忘記把自己算進去」。

問題是，連自己都無法滿足（獲得幸福）的人，又要如何滿足別人呢？假設自己是一個杯子，不先裝滿的話，又何來多餘的水去幫助別人呢？

請問，你心中認為的幸福是什麼呢？

「幸福」的定義因人而異。你的首要之務，就是釐清幸福是什麼，並將自己帶往通往幸福的明確道路。

我自己定義的幸福是「活出志向」。志向就是我的存在目標。我想幫助每一個人找到誕生的意義，用平凡的日子，逐一實現存在目標。想創造一個人們能互利互惠，協助彼此完成志向的世界。

之所以寫下這本書，就是想幫助正在閱讀本書的你，找到自己的存在意義。這就是我的使命。

重點整理

每個人一定都有自己才能完成的使命（存在目標），發揮強項完成使命，就是人生的過程。

夢想VS志向

有一個跟志向很像的相似語，叫做夢想，兩者都是在描述未來。如果問你兩者的差異是什麼，你會怎麼回答呢？我問了很多人，以自己的方式消化之後，做出總結：

夢想屬於個人，志向屬於社會。

比方說，有兩個年輕人想要當醫生，我分別詢問他們當醫生的理由，其中一人說：

「我將來想在夏威夷買一幢別墅，實現被美女圍繞的生活，我要當醫生賺錢，請為我加油。」

這是個人的願望，所以屬於「夢想」。如果問你：「願意支持這個夢想嗎？」你應該會說：「隨便啦，自己加油。」

另一個年輕人則是這樣說：

「我當醫生是為了解救世界上的人脫離病痛，請替我加油。」

這是為了幫助社會，所以屬於「志向」。你會樂意替許下志向的人加油。

從前的人用漢字「儚」來表達「人擁有夢想」。這個字的意思是「虛幻的」，因此，也可以解釋成「個人的夢想實現之後也是虛幻的」。

接下來介紹的有感練習，能幫助你直接用身體感受「夢想和志向如何轉換」。

「夢想vs志向」的有感練習

① 比腕力。

為了確認身體上的變化，開始之前，請先記錄彼此的體能狀態。需要特別留意的是，不要使用蠻力硬扳。一旦使用了蠻力混淆結果，將不容易判斷身體上的變化。

雙方扣住彼此的手腕，接著慢慢數「一、二、三」，相互施力。請一邊比腕力，一邊感受對方的力道強弱。只要其中一方力氣稍微勝過另一方，就算分出勝負。贏的人當A，輸的人當B。

② 請贏的A說出夢想，輸的B說出志向。

A：我的夢想是在夏威夷買一幢別墅，呼朋引伴來家裡開派對。

B：我的志向是創造最棒的「故事」，提供幸福給全世界的玩家。

附帶一提，這裡我借用了遊戲公司史克威爾・艾尼克斯（SQUARE ENIX）的企業理念作為B的志向。

③再重新比一次腕力。

和①時一樣，慢慢施力。這次B不需要花太多力氣就能輕鬆勝出。

②和③結束後，雙方互換身分，由A說出志向，由B說出夢想，然後再重新比腕力。你會發現A又再次變強。

為什麼志向的力量比較強呢？

這是來自人類DNA的本能。當目標牽涉的人數和範圍越廣，身體越能發揮潛能。我將之定義為「位能（Potential Energy）發揮下的狀態」。

這邊先借用了史克威爾・艾尼克斯公司的企業理念，你也可以自由換成自己本身的志向或任職公司的企業願景。光是借用別人的志向就能發揮潛能，使用自己的志向會加倍有效。

▼說出志向，釋放與生俱來應有的實力

在江戶時代（一六〇三～一八六七），武士家的小孩會在成人禮元服式時立下志向。過了這一天，孩子就被視為大人。換句話說，江戶時代的成年人，指的是立下志向、以志為生的人。

反觀我們這些現代人，很多無緣接觸「志向」就長大成人。人們初次見面問的問題多半是：「你的經歷？」、「你從事哪方面的工作？」這一類。我的理想是開創一個人們能自然地問候彼此「你有什麼志向？」的社會環境。

藉由說出自己的志向，可以釋放每個人與生俱來擁有的實力。用發揮能力的狀態迎接每日的工作挑戰，看待工作的方式也會改變，大幅提高生產量能。換句話說，立下志向，就是通往勞動改革的第一步！

重點整理

說出社會志向，而非個人夢想，可以釋放那個人與生俱來的位能。

你的過去，就是你獨一無二的資產

你若是認為「我的過去沒有任何價值」、「和別人相比，我的人生不值一提」，請務必從現在起修正你的想法。

你是因為不擅長自我介紹才拿起本書，對吧？排斥自我介紹的人，有一個共同點，就是認為「自己不像別人有厲害的專長」，甚至有點厭惡自己。人不會積極介紹自己厭惡的東西給別人，因此，人在討厭自己的情況下，很難積極主動地推銷自己。

可是，你若不拿出積極主動的態度，就無法發揮潛在的位能，導致自我介紹無法打動人心。你對自我介紹產生了陰影，越來越討厭連自我介紹都做不好的自己，最後就會陷入惡性循環。

如何看待自己的過去、自己的人生、自己和別人的差異，決定權在你的手中。

首先，請停止比較。

打從人類有史以來，世界上就沒有人跟你一模一樣。同樣地，也沒有人和你擁有相同的人生經歷。這表示，你至今經歷的所有人生經驗，都是你獨一無二的資產。

你越是不滿意現下的人生，越要做出和過去不一樣的選擇。因此，過去的你如何選擇，也可以成為你今日的良好借鏡。

重點整理

你累積到今天的所有經驗，
全是「有價值的」，
是你獨一無二的「資產」。

獨一無二的人生培養出的兩種才能

接下來教你如何一面回顧過去，一面發掘自我才能。這是我從專業企業顧問小田真嘉先生身上學來的方法。

才能分成兩種，一種是「地之才能」，一種是「天之才能」。

「地之才能」是你在截至目前為止的人生當中，喜歡到廢寢忘食，覺得做起來很開心，並且積極從事的興趣活動。

而「天之才能」則不同，它是你從過去的痛苦經驗中學到的事。這項才能必須經由煩惱、持續的痛苦、難過的遭遇、不合理的對待、撕心裂肺甚至不堪回首的經驗才能獲得。

我們馬上來發掘「地之才能」。請準備白紙或筆記本及一枝筆。接下來的問題，請把你能想到的所有答案毫無保留地寫下來。這些問題一律沒有正確答案，就算重複寫出一樣的答案也無妨。

不用著急，一題用三～十分鐘慢慢作答吧。

「地之才能」的發掘練習

① 請列出人生至今曾經著迷、覺得做起來開心愉快、心情飛揚的事情。

② 請列出人生至今曾經砸下時間金錢、願意多花一點時間練習的事情。

③ 請列出你會下意識去做、一有空閒就會從事、常被別人用不敢置信的語氣說「虧你辦得到」的事情。

④ 請列出你即便花上好幾個小時也說不完的事情。

仔細列出①～④的事項後，你會發現，裡面有些會重複出現。重複率越高的事情，就是你的「地之才能」。我自己的回答如下：

①替人修改自我介紹並樂此不疲。
②已陸陸續續替超過三千人修改自我介紹。
③常下意識盯著電車海報上的各類宣傳標語、同步替人修改自我介紹並且被稱讚「太強了」。
④話語之於人的重要、如何從自我介紹看出一個人的性格。

列出之後即可發現，四個項目裡都提到了「自我介紹」。由此判斷，「聊自我介紹的學問」就是我的一大專長。

重點整理

找出「地之才能」，可以幫助你從過去經驗察覺意外的才能。

才能就像昆布一樣

接下來教你發掘「天之才能」。在此引用前面介紹過的小田真嘉先生的經典比喻。

「時常有人問我：『我到底該怎麼做，才能精準表達我想說的意思呢？』事實上，這也是我求之不得的技術。為此，我去上了很多課、讀了很多書，還去實際請教了公認口才一流的專家，然後發現了一件事。

原來那些口才優秀的人士，過去都曾因為『詞不達意而懊惱』。他們能成為現

在的表達專家，正是從過去滿滿的失敗經驗當中學來的。因為嚐過詞不達意的痛苦，才會想要學習如何正確表達，並且細心運用技巧，讓人一聽就懂。不曾為溝通所苦的人，不會想到要體恤聽者的感受，這些人的溝通往往是單向的。由此可見，親身經歷過溝通上的痛苦，正是學會溝通表達需要的寶貴經驗。

專家這樣告訴我後，和我聊到一個有趣的話題：『為什麼來自大海的昆布，在海中無法浸出高湯呢？』少數人也許會反問：『不對吧？海裡的鹽分不就是昆布的高湯嗎？』但我想請你思考的是這件事：

昆布、香菇、小魚乾、柴魚乾……這些能熬出鮮甜風味的乾燥食品，有什麼共同點呢？

海裡的昆布未經曝曬，就不會散發出鮮甜的滋味。人的特質也是同樣的道理。

唯有經過風吹日曬的人，遇到良好的環境時，才會熬成一鍋好湯。甜美的滋

味，是從苦澀之中孕育而生的。不經一番寒徹骨，焉得梅花撲鼻香。你擁有的良好特質，需要經由失敗才能開花結果。

多方嘗試不同領域的事物，是找出真實自我的快速捷徑。從失敗中學到的經驗，就是你的才能。」

「有些才能要經過風吹日曬才能得到。」知道這件事情後，我馬上想起，自己就是因為失敗才開始學習自我介紹，如今才能在這裡和各位分享經驗。

我曾是一個自我介紹很失敗的人，因為失敗，才下定決心要好好鑽研其中的學問，因而找到了成功的模式。

假設我從來不曾在表達上遇到挫折，就不會想要研究自我介紹、不會了解那些人的痛苦，更不會寫下這本書了。

人生不會盡如人意，挫折難免會遇到。但是，你遭遇挫折的經驗，也許可以幫助和你同樣需要幫助的人，所以上天才會早一步安排你接受考驗。這就是天意。

從痛苦中學到的經驗，就是「天之才能」。
以下幾個問題，能幫助你找到屬於你的「天之才能」。

「天之才能」的發掘練習

①是否遇過不合理的對待？請列出「為什麼每次都是我？」的不快經驗。
②是否做過什麼工作，讓你覺得「一點也不適合我」？
③糾纏你多年的煩惱和痛苦是什麼呢？
④體驗過①～③後，有什麼體悟是你可以去幫助別人的？

「發掘才能」即接受至今一切人生經歷的過程。很遺憾，生在現代的我們，尚未擁有時光機回到過去、挽回人生。你經歷過的種種一切都無法改變；但是，如何看待這些經驗，操之在你的手裡。

如果可以，請找同伴兩人一起練習，透過第三者的聆聽，也許能察覺你自己沒發現的潛在才能；反過來，你也可以替朋友找出盲點。

有趣的是，發掘別人才能的前提是，你自己本身也要具備一點天分。比方說，如果你發現對方在某方面很細心，表示你自己也很細心才能發現。換句話說，發掘別人的才能，即是發掘自己的才能；發掘別人的優點，即是發掘自己的優點。

重點整理

你遭遇挫折的經驗，也許可以幫助和你同樣需要幫助的人，所以上天才會早一步安排你接受考驗。

謙虛會限制你的能力

好，現在我們已經找出「地之才能」和「天之才能」。這兩種才能給了你讓世界變得更好、更有趣的能力。

你也許會謙虛地心想：「讓世界變得更好？就憑我……？」

在此我想請教，你謙虛的對象究竟是誰呢？

我們在前面的「志向練習」中，已經實際用身體感覺：人類的細胞和DNA內建了「影響範圍、人數越大，越能發揮潛能」的機制。

還有別忘了：「表現成果＝行為×心態」。用積極主動的心和宏觀的格局，思考「我要如何讓世界變得更好？」、「我要如何讓世界變得更有趣？」，將有助於幫助你完成志向。

▼貫徹自己被交付的職責

請注意，你越是表現謙虛，越會限制了自身潛能。

這邊要再次強調，打從人類有史以來，世界上就沒有人跟你一模一樣。自然萬物裡沒有東西是多餘的，我們身為自然界的一份子，沒有人是多出來的。萬物皆有其存在的道理，我們每一個人也被交付了只有自己才能完成的使命。

發揮你的才能，使世界變得更加豐富美好，這就是我們與生俱來的職責。

許多人看待世界的方式是把自己和他物分開，這樣是不對的，我們每一個人都是扛起世界的一份子，承擔了世界的部分責任，位在世界的中心。

這也表示，你的作為可以改變世界。

我們也許不像一國的首相或總統那麼偉大，足以改變世界局勢。但是，你的改變會影響周遭的人，使他們一起改變；這些人的身邊又有另一群人會受到影響。我相信這些微小的連鎖反應，能漸漸改變全世界。

請在日常生活中發下決心，要使世界變得更美好、更有趣。

如此一來，就能把與生俱來的能力發揮至最大限度，完成上天賦予的職責。

重點整理

用自己被交付的才能，完成與生俱來的職責，創造一個更加美好、有趣的世界。

用志向解放你的能力

你希望如何改變世界呢？

請將發掘「天之才能」的練習題改成「志向」看看。格式如下：

「我的志向是要打造一個○○的世界。」

「我的志向是要創造一個○○的世界。」

以下為參考例句：

「我的志向是要創造一個沒有貧富差距、病人都能獲得醫治，並且充滿美德的世界。」

「我的志向是要創造一個世界，在那裡，每個人都能當自己人生的主角。」

「我的志向是要創造一個安樂富足的世界，在那裡，每個人都能發自內心覺得『活著真好』。」

「我的志向是要創造一個人們能互助合作、把自己的優點發揮至最大極限、齊心協力貢獻社會的世界。」

「我的志向是要創造一個精神富足、美麗祥和的世界，在那裡，每個人都能找到價值觀合乎個人本質的工作，既能幫上別人的忙，自己也能賺到足夠的錢。」

「我的志向是要創造一個所有人都能放手去做自己的世界。」

「我的志向是要創造一個所有人都能隨時隨地、反覆挑戰的世界。」

「我的志向是要打造一個所有人都能接受過去、放下成見、順應局勢但不用放棄夢想的光明未來。」

「我的志向是要創造一個所有人都能發自內心感受喜悅的世界。」

「我的志向是要打造一個世界，在那裡，每個人都能明白別人的痛苦、能相互依靠，把邁向明日的朝氣及勇氣感染給身邊的人。」

立定志向後，請翻回六十四頁，進行之前介紹過的「夢想VS志向的有感練習」。說出志向後，你的力氣也會跟著改變，並釋放你的潛能。

如果你追求更高層次的志向，可以參考日本國際德育協會主辦的「志武術」。在那裡，除了立志、喊出志向以外，你還能透過習武，讓身體牢牢記住能力釋放的狀態。

你或許會擔心：「決定志向以後，我是不是就不能反悔了？」放心，沒有這回事。人生的路還很長，你在未來會遇到不一樣的人、接收到不一樣的訊息，想法也會隨之改變。當你察覺過去的志向已不敷使用，儘管訂立新的志向吧。

重點整理

參考「天之才能」的發掘練習，
寫下自己的志向，
以此解放屬於你的潛能。

發掘六十四個強項

如今，我們已經對「天之才能」和「地之才能」有了進一步的了解，來到這個階段，終於可以尋找自我介紹所需要的重要材料，也就是你的「強項」。

本處同樣借用原田隆史老師設計的「Open Window 64」計畫表來做發掘練習。這張表格因為幫助職棒選手大谷翔平在高一就找到「八大球團第一指名」的志向而知名。

原田老師在講座上用這份表格輔助學生發掘優勢。我自己也請客戶實際在多人練習時填寫，全員都順利在二十分鐘之內，找到了自己的六十四個專長。

▼ **大谷翔平就讀花卷東高中一年級時訂立的目標計畫表**

保健身體	攝取營養品	頸前深蹲 90kg	改善內踏步	強化軀幹	穩住重心	投出角度	從上方擊球	加強手腕力量
柔軟度	鍛鍊體格	傳統深蹲 130kg	穩定放球點	控球	消除緊張	不用蠻力	球勁	下半身主導
體力	身體可動範圍	吃飯晚 7 碗早 3 碗	強化下盤	姿勢不跑掉	鍛鍊心理素質	放球點往前	提升球的旋轉數	身體可動範圍
訂立明確的目標和動機	保持平常心	冷靜的腦、炙熱的心	鍛鍊體格	控球	球勁	用身體軸心旋轉	強化下盤	增加體重
危機處理能力	心理素質	不為所動	心理素質	8球團第一指名	球速 160km/h	強化軀幹	球速 160km/h	強化肩部肌肉
不鬧事	求勝心	體恤隊友	人情味	運氣	變化球	身體可動範圍	直球傳接球	增加球路
感性	受人愛戴	有計畫	打招呼	撿垃圾	打掃房間	增加好球數	完成指叉球	滑球的球勁
為人著想	人情味	感恩	珍惜球具	運氣	對主審的態度	緩慢落差大的曲球	變化球	針對左打者的決勝球
禮貌	受人信賴	續航力	正面思考	受人支持	看書	用直球的姿勢投	繞進好球帶的控球力	預測球的落點

引用自《學會「曼陀羅計畫表」，絕對實現，你想要的都得到》（原田隆史、柴山健太郎／方言文化）

填寫之前，記得先把「志向」說出口，再針對以下八個項目，各自填入八個選項。「強項」從字面上看來，容易讓人誤會「一定要比別人厲害」，其實不然。丟下外在包袱，你覺得自己擅長什麼，就把它寫上去吧！

① 資質

「什麼是你的強項？」常見的回答有「溫柔、樂觀、開朗」等。請用你反射性聯想到的、別人稱讚你的，以及你希望擁有的特質來填寫這八個項目。

②先天的優勢

請填入八個你先天擁有的優勢。像是出生自大家庭、有很多兄弟姊妹、獨生子、父親開公司、老家是獨棟豪宅、在國外出生等，這些都包含在內。

③經驗、體驗、檢定執照

請填入八個你擁有的經驗、體驗和檢定執照。像是國中時當過班長、考過哪些檢定考、有心理訓練師執照、駕照等，這些都包含在內。

④興趣、嗜好

請填入你至今著迷過的興趣和偏好的事物。

⑤透過比較來尋找

請從兩項比較事物當中做選擇。例如：比較喜歡單獨作業還是團體作業？比較喜歡抽象思考還是具體思考？工作時喜歡追求速度還是喜歡慢工出細活？喜歡從零開始發明還是對既有商品進行改良？請填入八項自己傾向的事物。

⑥人生最了不起的成就是什麼？是什麼原動力促成你達成？

請回顧人生迄今遇過最開心、別人也為你高興、你最耀眼的時期，並寫下促成你達成創舉的原動力。

⑦人生最痛苦的事

現在的你，是跨越無數難關而成就的。因為戰勝了痛苦，才能像現在這樣讀著這本書。那麼，你是如何跨越低谷的呢？這股力量就是你的強項。

⑧請教別人

自己認為的優點和別人認為的優點會不太一樣，此處請向別人請教你自己的優點吧。熟識你的人可以說出你內在的優點；就算只是點頭之交，也能說出你外在的優點。問完八個之後，也請繼續多聽多問。

實際填寫時，請設定答題時間，一個項目約二～三分鐘。時間限制能刺激大腦，使你答題如流。

此外，也推薦多人同時進行。如此一來，不但能當場問人，還可規定「等所有人都填完再進入下一題」，以此刺激大腦，使答題過程更加順利。

來到這個階段，我們總算採買好自我介紹所需的「食材」。接下來在第三章，我將教你如何實際運用這些素材，炒成一盤令人食指大動的自我介紹！

重點整理

用大谷翔平也做過的「Open Window 64」計畫表，寫出自己的六十四個強項（自我介紹用的素材）。

第
3
章

超強自我介紹煉成術

自我介紹的預設目標

撰寫自我介紹以前，有一件重要的事必須考量：「什麼是你的預設目標？」現在請發揮想像力，想像自己介紹完畢後，會產生什麼影響？影響的結果就是你的目標，所以也有人說：「自我介紹能操控人心。」

以下舉例：

- **找我講話**
- **對我的產品和服務產生興趣**
- **受到自我介紹吸引，主動來交換名片**

●找出興趣相投的人或是同鄉

諸如此類，請先預設一個目標，從目標反過來推敲自己要寫什麼內容。

從前的我總是放錯重點，所以，我很了解不擅長自我介紹的人往往在介紹以前，就先入為主地想像：「唉，反正說了大家也沒反應……」、「反正沒人要聽……」腦中淨是一些負面消極的念頭。反觀那些擅長自我介紹的人，他們想的往往是「到了交換名片的時間，有許多人來排隊交換名片」。

有一句話叫「想像會成真」，不擅長自我介紹的人因為害怕打擊，一開始就先預設「反正說了也沒用」，沒做任何準備就上場。

相反地，擅長自我介紹的人為了達成目標「介紹完後有很多人來交換名片」，一開始就會反過來推算：我應該在自我介紹中加入哪些內容，才能達成預期的效果？

▼事先準備就能拉開差距

當然，自我介紹的預設目標，會因應說話場合的不同而改變，例如，異業交流會和聯誼活動的目標就不盡相同。擅長自我介紹的人會針對目標，進行反覆推演；不擅長的人多半都是現場決勝負，導致失敗重複上演，對自我介紹產生陰影。

不過請放心，因為絕大多數人都是毫無準備、臨時上場，所以，只要你稍微有備而來，就能和其他人拉開距離！不能否認，有些人的臨場反應很好，即使沒有事先準備，也能抓住眾人的心。這是一種天生的特質，羨慕也沒用，請果斷地根除「我也可以仿效」的僥倖心理。

如同我在第一章、第二章所強調的，你擁有只有你才有的天賦價值，只是，其他人要看見這份價值，中間還需要經過一道翻炒的手續。

本章將告訴你如何調整。

重點整理

想像「自己介紹完畢後，會產生什麼影響？」
從中找出預設目標，
再從目標反推自我介紹所需的內容。

自我介紹需要「一點擊破，全面進攻」

「一點擊破，全面進攻」的概念最早來自《孫子兵法》，現代已衍伸為商業戰略中「蘭徹斯特法則」（Lanchester's laws）的宣傳口號。

集中攻克一點會產生難以想像的巨大能量。比方說，用手指按壓手掌，再怎麼用力頂多只是有點痛；但若拿針朝手掌輕輕一戳，不費任何力氣就會流血。這就是把力量集中於一點發揮的效能。

其他還有拿放大鏡聚焦光點，使黑紙起火燃燒、雜草可以鑽過堅硬的柏油路生長等例子。摸摸看就會發現，雜草並不堅硬，但它真的刺穿了堅實的路面，向上生長。這就是把力量集中於一點的效果。

自我介紹也要善用聚焦。

不擅長自我介紹的人容易犯的毛病，就是老想在有限的時間內，塞入過多訊息，這是完全不需要的！請想想「哪件事一定要說，不說會後悔」，然後好好把它說出來就行了。

覺得能多說一點是一點，最後壓線過關的人相當常見。正因如此，聚焦於一點的人更顯突出。

當然，聽眾裡難免有人對你說的事情毫無興趣。有趣的是，一定有人「雖然對你說的事情毫無興趣，卻被你認真介紹一件事情的模樣和態度打動」。

重點整理

聚焦在「不說絕對會後悔的一件事情上」，可以使你的自我介紹顯得更突出。

不要傻傻地介紹自己

這是我在上一本書中一再強調的觀念，自我介紹是由「說話的你」與「聆聽的他」所構成。

你不妨反過來思考，當你自己是一名聽眾時，喜歡聽哪種人說話？這個問題有很多答案，但可總結出一個特質，那就是「可以替我的未來注入新氣象的人」。

如果某人的自我介紹讓你產生「這個人真有趣」的想法，表示此人可以使你的未來變得更加有趣；如果某人的自我介紹讓你產生「這個人好歡樂」的想法，表示這個人可以為你的未來帶來歡樂。

▼最關心的永遠是「我將來的發展」

有些人在成名之後，自我介紹往往只簡短報上姓名，不會提供什麼太精采的內容。即使如此，他的周遭仍有許多人慕名而至，這些人期盼的無非是「認識名人的自己」。同樣地，帥哥美女的身旁總是不乏追隨者，這些人期盼的無非是「認識帥哥美女的自己」。

人對什麼事情最感興趣？答案是「自己」。進一步解釋則是「我的將來」。

由此可知，聽眾不是被說話者本身吸引，而是被「我將來的發展」所吸引。

所以請記得，自我介紹要介紹的不是自己，而是聽眾的未來，以及如何替別人的將來做出貢獻的自己。

重點整理

人對「可以替我的未來注入新氣象的人」最感興趣，自我介紹一定要傳達這件事！

請預設「沒人對你感興趣」

自我介紹的時候，請預設「沒人對你感興趣」。

因為沒興趣，所以你要做的第一步就是引導，好讓對方注意到你。聽眾最關注的永遠是你如何對他的未來產生影響，因此，請你思考，你可以為聽眾帶來什麼改變？你不先做出表示，別人就不會注意到你。

請回想一下，你當初為什麼拿起這本書，並且讀到這裡呢？

因為對自我介紹懷有恐懼，希望「自己讀完這本書以後能克服這點」，對吧？

或是「我雖然沒聽過這個作者，但有值得信賴的人推薦了這本書，感覺對我有幫助就買了」，對吧？這也是因為期待讀完這本書後，未來能遇見全新的自己，所以才認真閱讀。

書名也是一種自我介紹。本書的書名正是為了吸引你購買，經過再三推敲而成的自我介紹。假如這本書叫做《橫川裕之的一生》，你一定不會買吧。（除非是像「德川家康」等級的名人，光用人名就能吸引人，這是我今後的目標）為什麼呢？因為你不明白讀了我的人生之後，對你的未來有什麼幫助。

人面對不明白的事物，通常不會展開行動。我相信有人「對沒聽過的事物」特別感興趣，但我們還是要建立「不明白就不會出手」的基礎認知。

▼簡單明瞭地談及未來，就能博得好感

因此，自我介紹要做的第一件事就是「引起對方的注意」。對方會對什麼事情感興趣呢？沒錯，就是跟他的未來相關的話題。

你可能會有下列疑問：

「自我介紹通常用在初次見面的場合，我完全不認識對方，又怎麼知道他想要什麼未來？」

這也是我收過最多的問題。是的，我們無法得知對方想要什麼未來，所以我們要談論自己能提供的未來，進而找出對你提供的未來感興趣的人。

你也許會產生不安：「如果沒人感興趣怎麼辦？」請放心，因為有備而來的人實在不多，只要你簡單明瞭地提到你所能做的，就能博得好感。

那麼，該如何簡單明瞭地談及未來呢？在下一節，我將為你介紹「自我介紹的三大格式」。

重點整理

即使是初次見面的場合，
也要談到「我能提供的未來」，
進而找出對此感興趣的人。

務必當作武器帶上的「自我介紹三大格式」

自我介紹的三大格式是：**「五秒自我介紹」**、**「十八秒自我介紹」**和**「一分鐘自我介紹」**。只要隨時準備好這三種格式，任何場合都能無往不利。

你可能會想：「萬一對方希望我介紹得更長怎麼辦？」這點不必擔心，因為對聽的人來說，超過一分鐘以上的自我介紹聽起來「很冗長」，他們反而會希望你「快點說完」，這三招可以滿足力求簡潔迅速的需求。

很多人遇到「請自由發表」的機會，都會突然間沒有頭緒，不知道該說什麼才好，所以我們才需要準備好自我介紹的基本格式，以備不時之需。

如果所有的馬路都沒有畫上中線，會發生什麼事情呢？對撞事故一定會爆增。

以交通來比喻，少了中線反而會增加行車困難。回來看自我介紹，若少了「格式限制」，就會變得漫無重點。

同樣地，口才好的人，腦中隨時準備了數種說話的格式。他們會因應場合，挑選格式，不急不徐地把話說清楚。

自我介紹也有幾種格式，事先套用格式、備妥內容的人，就能條理清晰地說話，使人容易聽懂。越好懂的內容，越容易讓人留下印象。

反過來說，如果你總是不擅長自我介紹，很可能是腦中沒有建立格式造成的。請從接下來介紹的格式裡挑選適合的來用，好好準備屬於你的自我介紹吧！

重點整理

「五秒自我介紹」、「十八秒自我介紹」、
「一分鐘自我介紹」，
只要隨時準備好這三種格式，任何場合都能無往不利。

「五秒自我介紹」——用短短五秒抓住人心

三大格式裡，使用頻率最高的就是「五秒自我介紹」。

「五秒自我介紹」也用來作為另外兩個格式的開場白。如果開頭第一句話無法提起別人的興趣，講十八秒和一分鐘也沒有用。

此外，社交活動人數眾多時，主持人可能會要求「請用一句話來介紹自己」，這時候，「五秒自我介紹」就能派上用場。

還有一個意想不到的場合也會用到「五秒自我介紹」，那就是「請別人轉介的時候」。

畢竟，我們光要介紹自己就想破頭了，遑論要簡單扼要地介紹別人。

該怎麼請別人轉介自己呢？重點在哪？善用「五秒自我介紹」，就能精確掌控。

請將下列五種自我介紹類型，套用「五秒自我介紹」做練習。

①「利益型自我介紹」

「我叫（姓名）。從事將A（現狀）變成B（未來）的工作（職業）。」

②「願景型自我介紹」

「我叫（姓名）。我的目標（夢想、志向）是創造B（未來）。」

③「成果發表型自我介紹」

「我叫（姓名）。（我的實際貢獻）。」

④「資訊型自我介紹」

「我叫（姓名）。（興趣、故鄉等）。」

⑤「示弱型自我介紹」

「我叫（姓名）。（弱點）。」

不要忘記，「自我介紹要連接未來」。你可以談自己的未來發展，也可以給予對方關於未來的想像。①、②是在談論自己的未來；③、④、⑤則是給予他人對於未來的想像。

關鍵在「未來」！接下來，我會告訴你具體的寫法。

重點整理

使用「五秒自我介紹」作開場白，「談自己的未來發展」，或是「給予對方關於未來的想像」。

「利益型自我介紹」——提供對方想要的未來

「利益型自我介紹」的模式最單純。

這是在明示對方，只要你來找我，近幾年之內就能「獲得改變」、「得到好處」。在自我介紹中加入近年的目標，聽者會自動聯想：「對我有什麼影響？」當這個聯想符合期待值，對方就會想主動認識你。

假設這裡的訴求目標是「人脈」，對方在聽完你的介紹後，會從聯想到的「未來利益」尋找主動攀談的動機，並且告訴你他遇到的問題。

以下為真實回饋的案例：

※自我介紹後面的（ ）是聽者內心的想法。

【學校老師】

「我叫山田。我的工作是老師，專門把『不及格』變『及格』，幫助學生考上志願學校。」

（感覺跟之前的老師不太一樣。）

這位老師開心地向我回報，剛上任就靠這句話抓住人心，來找他商量課業的學生不分班級學年，絡繹不絕。

【稅務顧問】

「我叫清家，擔任稅務顧問。開公司的人如果看不懂財務報表（現狀）就會來找我，我會用遊戲方塊的方式來比喻，讓老闆一聽就懂（未來）。」

（財務報表我也看不懂，真想請他教我啊！）

開公司的人必須清楚掌握金錢流向，聽說這位稅務顧問如此介紹完畢後，有許多為「看不懂財務報表」而苦惱的公司老闆自動來向他請益。

【助產士】

「我叫園田，職業是助產士。生第一胎的媽媽容易對夫妻關係感到焦慮（現狀），我可以提供協助，讓她們安心生產（未來）。」

（如果我們夫妻生了小孩，先生願意幫我帶小孩嗎？）

「生小孩後，夫妻關係可能出現裂痕」——這位助產士輕輕鬆鬆便接住了懷孕婦女難以向他人傾訴的煩惱，一舉締造了口碑佳績。

此外，在不描述現狀的情況下，一樣能傳達利益，因為聽者會自動在腦中對空白的部分進行補充。以下為你舉例：

【除毛沙龍的女老闆】

「我叫幸野。我們店裡有提供無痛除毛（未來），女性再也不用忍受除毛造成的疼痛。」

（什麼？有無痛除毛這種東西？如果真的不痛該有多好。）

這是對著「曾經忍受除毛之痛」與「雖然想除毛，但聽說很痛而打退堂鼓」的女性喊話。不僅如此，聽說她在介紹完畢後，還進一步收到「有沒有針對小朋友或男性的除毛項目？」等洽詢。

【兼差仲介】

「我叫深川，我可以介紹你三個月內月入十萬圓的好康兼差。」

（什麼？三個月就能上手！如果每個月能增加十萬圓收入，就能買這買那了……）

光聽雖然無法得知兼差內容，但有許多人會因為想知道方法而上前排隊交換名片。

【專治頭暈的推拿師】

「我叫石川，職業是推拿師。我專治頭暈，不管是哪種暈眩症狀，我都能不使用藥物，讓您在一週左右獲得改善。」

（短短一週不吃藥就能改善嗎？）

有過突然頭暈、無法專心做事痛苦經驗的人，一聽就會很想衝去找他。

【幼兒園老師】

「我叫成田，職業是幼兒園老師，我能替孩子訓練腳力，讓他們即使走到一百歲也沒問題。」

（就算活到了一百歲，如果都是躺在床上也沒用。找她問問訣竅吧。）

人稱現代社會叫「百歲時代」。但是，無論活得再長壽，若是不良於行，活著想必很辛苦。在這個案例中，許多人因為好奇「要怎麼做才能讓腿部健康發展、走到一百歲？」而向她洽詢。

▼「利益型自我介紹」煉成術

接下來教你利益型自我介紹怎麼寫、訣竅在哪。

請回答下列三個問題。請注意，寫在筆記本上也好，用手機打字備忘也好，一定要寫成文字！「想」跟「寫」是完全不同的輸出方式，沒有事先練習，等到要用的時候當然寫不出來，這樣等於什麼也沒想。

總之，把腦中浮現的關鍵字寫下來，不通順也沒關係。下列問題，請在三分鐘內回答，答案越多越好。不能只是在腦中想，要實際動手寫！

①你幫上了誰的忙？

↓請先盡量多寫，從中挑一個。

②這個人有什麼煩惱或期望？

↓最好的做法是直接去問①的人。如果不方便問，用推想的也可以。寫出你想到的可能，仔細比較哪一項問題解決之後，對方最高興。

③認識你之後，這個人可以獲得什麼改變？

↓②選出的煩惱或期望解決之後，這個人會有什麼改變？請盡量多寫。也可以一邊回顧第二章的「發掘強項」練習題一邊寫。

最後請用一句話來總結①～③的答案。

以下為你詳細說明三個問題背後的意義。

①你幫上了誰的忙？

工作和財運不會從天上掉下來，這些全是由人帶來的。因此，我們必須先決定「你想幫上誰的忙」。

請仔細思考，最後鎖定一個對象。我們心理上都希望「被許多人需要」，但如果你想討好每一個人，最後的結果將是全數落空。獲頒紫綬褒章的名小說家北方謙三先生就曾說過：

「即使書賣了好幾百萬本，只對著一位讀者寫小說這件事也不會改變。」

經手MAGAZINE HOUSE旗下知名女性雜誌《anan》、《Hanako》的編輯木滑良久先生也曾這麼說過：

「我做雜誌只為了一位讀者。只是這位讀者的背後，又有好幾百萬跟她一樣的讀者。」

自我介紹也一樣，請決定一位你最想幫助的對象。重點在於，這個人以後會直接影響你，是你想好好重視的人。

為了找出這個對象，首先要做的是盡量寫出你能想到的所有人選，從裡面挑選一人。

你最重視的人是誰呢？請實際寫出他的名字。如果實在想不出這個人，也可以寫從前的自己。

我舉一個例子做示範，這個人是「不擅長自我介紹的講座老師，京谷先生」。

②這個人有什麼煩惱或期望？

據說，人展開行動的原因有兩種模式。

一、迴避痛苦，做法是解決煩惱；二、追求快樂，做法是滿足期望。

現狀裡存在著當事者自己無法解決的問題，即使他心裡很嚮往解決問題後的光明未來，卻不得其門而入。這時候，在現狀和未來之間架起橋樑的英雄出現了，那人就是你，你扮演了關鍵角色！

我再進一步假設，假如你是一位商人，有顧客想購買你的產品和服務，那麼，你不妨直接詢問對方，購買前有什麼煩惱或期望？決定購買的關鍵是什麼呢？

如果無法跟當事者確認，請站在對方的立場設想，花三分鐘時間，把想到的可能寫下來。

煩惱或期望寫得越具體，越容易在自我介紹時打動人心。

例如，我在前面舉例的「不擅長自我介紹的講師，京谷先生」。接下來，請把他的煩惱具體化。怎麼具體化？請將自己融入情境中。

你可以丟出問題：「在什麼場合自我介紹，特別容易吃螺絲？」然後，你會收到各式各樣的答案。交換名片時、演講的開場、商務交流會的自介時間、聯誼活動的自介時間等……依據場合的不同，介紹方式也會跟著改變。

仔細咀嚼對方遇到的困境或期望，從而找出對方沒說出口的潛在需求，由你主動提問。

提出假設後，假如對方立刻回答「沒錯沒錯，我就是想說這個」，表示你已贏得信賴，讓對方覺得「這個人懂我」。

③認識你之後，這個人可以獲得什麼改變？

替重視的人解決煩惱、滿足期望後，你就是他心中的英雄！請問，身為英雄，你樂意替重視的人提供什麼樣的未來呢？這題一樣在三分鐘內作答。

重點同上題，請具體思考細節。

以那位講師來舉例，他可能因為全場的人都盯著自己，只有自己不知道台下的反應而緊張，因此，我能為他提供如下改變：

「我來教你厲害的自我介紹，當作講座的開場白，這樣大家就會聽得津津有味，身體忍不住向前傾。」

這位講師心裡擔憂的恐怕是「沒人專心聽自己說」。事實上，我的確在提供如上改善途徑後，收到對方主動前來洽詢：「我想知道得更詳細。」請我提供自我介紹上的建議。

最後用一句話來總結①～③的回答，就能得出對方渴求的未來公式。

重點整理

「利益型自我介紹」可透過：
「①你幫上了誰的忙？」
「②這個人有什麼煩惱或期望？」
「③認識你之後，這個人可以獲得什麼改變？」
這三個問題找到寫法。

「願景型自我介紹」——吸引對你的未來產生共鳴的人

「願景型自我介紹」是一種透過說出你對未來的期許、志向及夢想，來打動人心的介紹方式。有些人聽了你對未來的期許會產生共鳴，有興趣進一步了解，並給予支持鼓勵。

【心理諮商師】

「我叫宮岡，是一位心理諮商師。我的願望是世界上再也不需要心理諮商。」

（怎麼會有人希望自己的職業消失呢？）

【氫水保健食品販賣公司老闆】

「我叫川畑，我的願望是讓四十兆日圓的國家醫療預算減少為十五兆日圓。」

（從四十兆減少到十五兆！太驚人了！）

【房屋仲介】

「我叫馬込，我的願望是當全日本最重視溝通精神的房仲。」

（這邊刻意強調「溝通精神」的用意是什麼呢？）

【機械聯動裝置店】

「我叫玉置，我的願望是做出世界第一的機械聯動裝置，成為流山市的觀光文物。」

（為什麼堅持要做機械聯動裝置？）

【家事代理人】

「我叫木村，我的願望是創造一個女性在生產過後，可以理所當然休息的世界。」

（我也覺得請產假很有罪惡感呢……）

【參加結婚聯誼的男子】

「我叫高橋，我想組織一個老婆不用做家事的家庭。」

（他為什麼不想讓老婆做家事呢？）

▼自我介紹是對他人承諾，也是對自己承諾

請盡情暢談未來及夢想，這時可參考第二章介紹過的發掘志向的方法。你提及未來的方式，就是「對聽者做出宣言、給予承諾」。因此，「願景型」自我介紹也是一種「對聽者做出承諾」的介紹方式。

這邊切記一件事：請問，最常從近距離聽你自我介紹的人是誰呢？

沒錯，就是你自己！因此，自我介紹既是在對聽者做出承諾，也是在對自己做出承諾：「記得替他實現未來！」

從最終目的來看，承諾對方等於承諾自己。因此，如果違背約定，就等於「背叛了自己」。

有了正確的心態，你就不會隨便做出輕率的發言了。因為，你必須對自己說過的話負責。

儘管不知道是有意識還是無意識，但是，自我介紹深具說服力的人，總是非常了解「對他人的承諾即是對自己的承諾」。他們字裡行間充滿「絕不反悔」、「使命必達」的決心，這就是說服力的來源。

重點整理

自我介紹是對他人承諾，
同時也是對自己承諾：
「記得替他實現未來！」

「成果發表型自我介紹」——用實績來贏得信賴

報上實際成績的「成果發表型自我介紹」非常容易贏得信賴。不僅如此，聽的人也會自動想像未來「我以後也想和他一樣」。如果能給出「No.1」的實際成效，對方也會相信自己可以有所改變。

還有另一種實績也是人人想要，那就是「認識名人」。拿出名人合照，會散發一種對未來的自信，因為他們深信「別人看到照片會覺得我很厲害」。但要注意，亮出照片的行為本身炫耀意味過濃，可能適得其反，千萬當心。

接下來為你舉例介紹。

【整骨院經營者】
「我叫淺見，經營一家專為孕婦設計的整骨院，在口碑評鑑網站得到埼玉縣No.1的評價。」
（口碑第一，想必技術很好。他們只看孕婦嗎？）

【國際企業公司負責人】
「我叫國武，國際企業代表，帶領旗下十二間分公司創下連續二十九年無赤字紀錄。」
（真想請教他成功的祕訣。）

【作家】
「我叫石川，職業是上班族作家，有出版關於職場工作術的書。」
（出書好厲害，真好奇內容啊！）

【拉麵店老闆】

「我叫榎本，擁有三家Yahoo!埼玉縣口碑No.1的『沾麵津氣屋』。」

（Yahoo!推薦店家應該滿好吃的……）

【頭痛推拿師】

「我叫本屋，開了一家專治頭痛的推拿院，有些客人甚至定期搭飛機過來看診。」

（搭飛機看診？到底多神乎其技啊？）

【行銷文宣寫手】

「我叫汐口，正在寫一份可創造千萬營收的新聞稿。」

（我們家的新聞稿發了都沒有廣告效益呢……）

請盡量填入數字和專有名詞。此外，在自我介紹中加入出乎意料的訊息或業界人士才知道的小資訊，能有效提起別人注意，使人忍不住好奇：「照理說不可能啊，他到底是如何辦到的？」

重點整理

「成果發表型自我介紹」容易贏得信賴，
聽的人會在腦中自動想像：
「我以後也想和他一樣」。

「資訊型自我介紹」——用興趣、故鄉來拉近距離

如果你自我介紹的目的是「認識同好或同鄉」，務必使用「資訊型自我介紹」。

此外，人容易對平時沒機會接觸到的職業感興趣，如果你是演員、刑警、自衛隊員，光是報上自己的職業，就能吸引到很多人。

不過，假如你只是一般上班族，平平淡淡地報出資訊可就沒用了。你不妨稍微誇大一點，加強印象。

【二十多歲女子】

「我叫神林，每次辦活動，我都會親手做甜點送去慰勞大家。」

（她一定很喜歡做點心。）

【顧問】

「我叫井口，我把我二十歲到三十歲的青春歲月都奉獻給萬那杜共和國了。」

（萬那杜共和國在哪裡？為什麼跑去這麼陌生的國家？）

【餐飲業者】

「我叫山根，我在所澤經營自產自銷的披薩店。」

（那裡竟然可以自產自銷做披薩？）

【上班族】

「我叫忠平，平日是業務員，假日在神社兼任神職。」

（神職可以兼差嗎？）

【刑警】

「我叫藤井，別看我這樣，我可是做刑警的。」

（刑警怎麼會跑來這裡？）

【自衛隊員】

「我叫稻葉，自衛隊員，不過春天要換工作了。」

（咦！為什麼不做了？）

這種類型的自我介紹，最重要的是「讓人耳目一新」！要打出哪張牌，請從第二章發掘的強項中挑選。

重點整理

如果你自我介紹的目的是「認識同好或同鄉」，務必使用「資訊型自我介紹」。

「示弱型自我介紹」——展現弱點，取得信賴

有沒有聽過一個說法？強者懂得示弱，弱者喜歡逞強。只有真正夠強的人，才擁有足夠的器量，有勇氣在初識的人面前暴露弱點，這樣的人絕對不多，所以令人印象深刻。但要注意，示弱的時候，表情不要突然一沉，或是低下頭來，那樣只會被當成「魯蛇」看待。說時記得抬頭挺胸、面帶笑容。

以下為你舉例：

【餐廳老闆】

「我叫越川，我背了一億圓的債！」

（負債一億圓，為什麼還這麼開朗？）

【三十歲男性】

「我叫加藤，煩惱是交不到女朋友。」

（居然在自我介紹時自曝煩惱？）

【男性老闆】

「我叫田中，昨天公司才有人盜用公款，現在身無分文。」

（身無分文是怎麼來的？）

【母親】

「我叫成田，我畫圖很醜，小朋友看了都會哭。」

（我懂我懂，我也被小朋友嫌棄過。）

【顧問】

「我叫原山。我乍看很煩人，認識之後就會上癮……大概吧？」

（怎麼會有人說自己很煩呢？）

【女性創業家】

「我叫金子。從前人家看到我，都說我是『衰神在走路』。」

（這倒是看不出來……）

刻意說出自己的弱點，也會提升別人說出苦處的意願。人特別容易相信願意坦承弱點及私人問題的人，覺得他們「值得信賴」。

「示弱型自我介紹」的好處在於說完之後，如果聽的人很有反應，我們可以反過來套出那個人的弱點和私下遇到的問題。既然對方主動上前攀談，表示他有很高的機率和你一樣，你們之間容易找到共鳴。

這裡容易犯的錯誤是「示弱像在抱怨」。請注意，示弱的目的是讓人卸下心防、開口交流，不是真的要你說得忿忿不平。

本節介紹的例句都是「五秒自我介紹」。容我再次提醒，你要做的第一件事是設定目標，從目標回推例句，編寫符合需求的自我介紹。

重點整理

「示弱型自我介紹」，
因為一見面就自曝弱點，令人印象深刻。
但記得語氣要開朗，否則會給人沉重的印象。

「十八秒自我介紹」——把人脈、工作、財源通通吸過來

我自己最拿手的自我介紹類型，就是即將介紹給你的「十八秒自我介紹」。

如果只用五秒介紹，即使無人提出質疑，我們多少可從對方的表情看出內心的疑問：「你怎麼敢一口咬定？證據呢？」

是的，用一句話自我介紹，雖然能立刻引人注目，但不容易取信於人。為了進一步贏得信任，我們要對「五秒自我介紹」做補充說明。

聽到「十八秒」這個數字，你覺得是長是短？或者說長不長、說短不短？

我在主辦「日本第一午餐會」的時候，也趁機詢問過參加者對於十八秒的想

法，大部分的人都說「感覺很短」。可是，請回想一下電視廣告，幾乎所有廣告都在十五秒以內結束。

電視廣告的目標（目的）取決於產品的種類。

如果是要替電視節目做宣傳，目的是引起觀眾的興趣，提升收視。如果是汽車廣告，目的是讓觀眾想像自己開車馳騁的畫面，對車子心生嚮往，進而前往家附近的汽車營業所觀看實物。為了達到廣告效益，電視廣告把所有精華濃縮在十五秒以內！

另外還有廣播節目中穿插的廣告，雖然只有聲音，同樣得在十幾秒內達到效果，因此力求簡潔。

「十八秒自我介紹」用相當於電視廣告的秒數來介紹自己，同時具有「有了十八秒，就能把想說的話充分說完」的優勢。

「十八秒自我介紹」的應用範圍非常廣。無論對方要你「請簡短說明」，或是「請用一分鐘介紹自己」都能使用，而且也能留下強烈的印象。

為什麼呢？因為它夠短。

我們聽到「請用一分鐘介紹自己」的時候，很容易覺得要把時間運用得剛剛好，但實際上別人不見得有耐心聽完。

請站在聆聽者的角度想一想。在十多人初次見面的活動上，假設每個人都要花一分鐘自我介紹，或許一開始還能興致勃勃地聽完二、三個；但再多下去，你恐怕只希望「快點結束」。我相信多數人都是這麼想，心照不宣。

「十八秒自我介紹」既可以滿足這份體貼，又能把想傳達的重點確實說完，聽的人會讚嘆於你的自我介紹是多麼親切好懂，對你留下好印象。

重點整理

「十八秒自我介紹」乍看很短，實際上完全足夠你傳達要旨，應用範圍非常廣。

「十八秒自我介紹」——用三段話來總結

「十八秒自我介紹」用三段話做總結。

第一段話就是「五秒自我介紹」的內容。請闡述自己能提供的「未來」。

第二段話用來證明「我之前是怎麼做的」。證明方式就是提出之前的實際成果，即闡述「過去」。

第三段話要對著聽眾表示「我現在希望你怎麼做」。因為是當下發生的事，所以是闡述「現在」。

過去、現在、未來——「十八秒自我介紹」的特徵就是，一次闡述最完整的時間軸。

以下舉實例來為你說明。

「我叫益田政勝，理財專家，針對一般家庭提供理財規劃。我能幫助零儲蓄的家庭每月存下五萬圓，在六十五歲時，增加超過一千萬圓的存款（未來）。我以前是銀行分行長，知道明確的理財方法（過去）。對老後儲蓄有興趣的人，請和我交換名片（現在）。」

益田先生不但靠著這篇自我介紹接到一般家庭的理財諮詢，甚至還有大資產家委託他管理超過八位數的資產。

這篇自我介紹的未來部分寫得很好，但成功的關鍵是「前銀行分行長」的過去表現。大家光是聽到「前銀行分行長」這個頭銜，就能放心地把錢的問題交給他。

聽了益田先生自我介紹的人，會在腦中自動想像：

「這個人可以做到分行長一定很厲害！銀行內部有很多一般人不知道的資訊，他應該很清楚怎麼操作。如果想要學習理財，似乎可以請教他。」

還有，時序的呈現無須按照順序。接下來為你介紹《9成痠、痛、病，都是走錯路》（三采出版）一書作者，新保泰秀先生的例子。

「我叫新保泰秀，我是日本生產最多客製化終身保固矯正鞋墊的腳踝專家（過去）。

人類因為骨骼的特性，腳踝一定會慢慢變形，引發身體的大小毛病。這個問題只要使用我們家終身保固的鞋墊正確走路，就能矯正姿勢、調整呼吸（未來）。

您若有足部方面的困擾，什麼大小症狀都可以，歡迎找我這個腳踝專家聊一聊（現在）。」

有人被這份自我介紹打中，當場請新保先生幫忙看變形的腳踝，預約了矯正沙龍。更訝異的是，來詢問的人，有近乎百分之百的機率會向他訂製鞋墊。這就是從目標反推內容的完美實例。

此外，我常常收到這個問題：「可是，我還沒做出成績，該怎麼辦？」如果你尚待起步，老實地告知現況就行了。請看以下的舉例說明：

「我叫金子文，以前念書的夥伴常取笑我像『衰神在走路』。坦白說，我剛走進這裡就想打退堂鼓，因為來參加的全是這麼棒、這麼優秀的人（過去）。儘管我還沒有什麼亮眼的工作表現，不過難得都站在這裡了，我想積極認識各位這麼優秀的人，向你們效法學習，成為全新的金子文，滿載而歸（未來）！請和我交換名片（現在）。」

如上示範，使用「示弱型」自我介紹的同時，一邊對周遭的人表達敬意，完全不需要誇大吹牛。老實地表達謙卑的態度，強調自己是需要學習請教的立場，反而能博得好感。

實際上，金子小姐收到許多人回應，一舉擴增人脈，持續替參加的社群團體立下貢獻。她幫助日本流動資金協會的會員數突破史上最多的七百人，於二〇一九年接受表揚。

她是協會裡的大名人，也是實際做出貢獻的人，大家都知道：「在廣島談到集客力，無人能出金子其右。」

請各位發揮創意，多想幾種排列組合，實際應用這套超好用的「十八秒自我介紹」！

重點整理

「十八秒自我介紹」闡述自己能提供的「未來」、「提供的證明（實績＝過去）」，以及「希望聽眾（現在）採取的行動」。

「一分鐘自我介紹」——學小學生暢談夢想藍圖

如果你有機會做超過一分鐘的自我介紹，務必暢談志向和夢想。只要能讓對方想像你的未來圖景，就能確實引發共鳴，別人也會樂意支持你。

「一分鐘自我介紹」的格式類似「十八秒自我介紹」，會同時提到未來、過去及現在，不過還多了夢想實現之後，給旁人帶來什麼影響。

我用小學生的自我介紹來舉例。這是《用夢想地圖提升孩子的動力》（〈夢マップを使えば子どもは必ずやる気になる〉，暫譯，扶桑社出版）的作者，高岸實先生帶領的學習補習班所做的練習。

「我的夢想是當職業足球選手（夢想藍圖＝未來）。我選足球的原因有兩個：

一、我從幼兒園開始踢足球，踢足球很開心，我最喜歡的運動就是足球。

二、看職業足球比賽時，我發現他們即使輸了也不輕言放棄，讓人很感動（愛上這個夢想的契機＝過去）。

為了實現夢想，我上國中、高中都要加入足球隊，把球技練好；上大學後要加入關西日本甲組職業足球聯賽，成為日本代表選手！

還有，為了和外國選手交流，我要把國際語言英語學好，所以現在正在學英語（正在朝著夢想前進＝現在）。

等我實現夢想，也想當一個能為小朋友帶來『夢想』和『勇氣』的足球選手（夢想藍圖實現後，為別人帶來的影響＝未來），謝謝大家！」

你也許會訝異：「這是小學生寫的？」沒錯，這是小學生上台報告的自我介紹。內容不是單純訴說夢想，還進一步談到：為了實現夢想，自己現在必須採取什麼行動？接下來必須採取什麼行動？以及，當夢想實現之後，身邊的人有什麼改變，內容相當完整。

許多名人都會暢談夢想，例如前美國職棒大聯盟選手鈴木一朗、足球選手本田圭佑、花式滑冰選手羽生結弦，他們的作文也是這種格式，明確提到夢想、逐夢應該做的事，以及夢想實現後帶來的影響。

▼夢想得不到共鳴和支持的三大原因

「如果暢談夢想卻得不到共鳴和支持，該怎麼辦？」我曾收到這樣的問題。分析之後，原因有三：

一、沒有明確說出現在應該努力的方向，以及未來應該努力的方向。

夢想實現之後就不再是空想，而是實際發生的事。因此，想要實現夢想，只能使用實際的方法。重複執行實際的方法，就是通往夢想的最短途徑。

二、沒有提到為什麼想走這條路。

前面小學生的自我介紹中提到了：

- **從幼兒園開始踢足球。**
- **被職業足球選手輸了也不輕言放棄的模樣感動。**

這就是夢想的契機。

你一定也有某個契機，鞭策你朝著嚮往的未來前進。這個契機常來自於自己的失敗經驗和痛苦回憶。

舉例來說，許多從事心理諮商和心理治療的人，都經歷過身心症之苦，才下定決心要「幫忙別人免於同樣的痛苦」。

如果只有成功經驗分享，無法引發共鳴。從失敗經驗重新振作，才能讓大家感同身受。

請務必回想，當初讓你懷抱夢想的動機是什麼呢？

三、未提及「實現夢想後，在座聆聽的人有什麼影響」。

別人聆聽的注意力常來自「和我有什麼關聯」。如果你的夢想能讓聽的人產生「想要效法」、「好想跟他一樣」的念頭，就能獲得別人的認同。

重點整理

「一分鐘自我介紹」除了暢談未來、過去、現在，還要加上夢想、志向，以及實現夢想後給旁人帶來的影響。

「廣告標語型自我介紹」——川崎前鋒隊新進選手御用

本章的最後，我要舉日本職業足球聯賽的川崎前鋒隊，在二〇一九年的新進選手介紹當作例子，教你在轉職第一天、到新班級的第一天都超好用的「廣告標語型自我介紹」。

這邊的「廣告標語」指的是，用一句話來形容你想成為的形象，或現在給人的印象，說起來也像一種暱稱。

比方說，職業摔角手就常使用「燃燒的鬥魂」、「世界的巨人」、「燃燒的荒鷲」等稱號作為代名詞。

相較於職業摔角手使用鬥技和形象作為號稱，川崎前鋒隊的新進選手則用自己想成為的模樣來做標語。

我叫原田虹輝，我要成為川崎的Fantasista（夢幻足球員）。

我叫藤嶋榮介，我要成為川崎的開心果。

我是川崎的大砲，宮代大聖。

入隊記者會的自我介紹常流於「我是新進選手（名字）」、「我是從○○隊轉入的（名字）」的單一模式，相較之下，川崎前鋒隊的介紹方式不但新鮮活潑，還能感覺到選手對未來立下決心。

特別是原田虹輝和宮代大聖，他們都是即將畢業的高三生。年僅十八歲的青少年，要在超過千人的贊助商面前自我介紹，心裡一定很緊張，擔心：「這麼做真的好嗎？」但是，用廣告標語打造自我形象，可有效提升贊助商的期待，進而提供資助。

此外，這也提供了剛轉換新環境、想要改變形象的人一個絕佳機會。請寫出自己嚮往的廣告標語，在自我介紹時大聲唸出來。

開口前也許會感到緊張或是壓力，懷疑自己無法辦到。但是，抱著決心面對每日的挑戰，就能一步步成為自己心中嚮往的樣子。

重點整理

把自己想要成為的模樣寫成「廣告標語」大聲說出來，就能更接近自己的理想。

第
4
章

社群網路專用自介法

這是一個曝光機會爆增的時代

推特、臉書、IG、LINE、YouTube、Ameba部落格、note平台……在這個社群網路活躍的年代，我們早已習慣透過社群網路聯絡感情。即使長時間沒見面，只要看到彼此po文，似乎沒有太多隔閡。這種生活方式已成常態。

社群網路的崛起，使我們有更多機會去認識那些從前不可能認識的人，甚至能跟電視上的明星藝人說話。

社群網路不但能拓展人際關係，還能加深人與人之間的交流（也可能因為使用方法的不同，導致人際關係變得更狹隘，人與人之間的交流更加淺短）。

有些人在現實生活中互相認識，利用社群網路保持聯絡，加深了彼此的感情；有些人則是經由網路認識，透過實際見面，增進了彼此的關係。

本章教你如何在社群網路上自我介紹，運用社群媒體拓展人脈，強化彼此間的交流。

善用社群網路跨越物理隔閡，拉近彼此心靈上的距離，建立隨時能在現實生活中彼此照應的人際關係，即本章的重點。

重點整理

現在已進入全民使用社群網路、藉由現實生活與社群網路的共同經營，拓展人際關係、加深彼此交流的時代。

第一件事是填寫個人自介欄

想像一下，你在上網的時候，突然讀到一篇吸引你的po文，覺得文章裡有許多值得效法學習之處，這時候，你通常會怎麼做呢？

當我們因為某篇貼文深受啟發，會好奇寫出這篇文章的人是怎樣的人，進而查看對方的作者介紹欄，對吧？如果這時候，欄位是空的，你有什麼反應？

應該會覺得怪怪的吧？此外，可能也不敢積極與對方互動。

反過來，倘若自我介紹欄清楚寫著那個人的身分，你的反應是否會不同？是否覺得安心踏實，對文章的作者產生信賴感，想要進一步了解這個人，想閱讀更多他的貼文呢？

因此，想要吸引對你的貼文感興趣的人長期閱讀，**第一件事就是填寫個人自介欄**，釋出「這個社群作者值得信賴」的訊息，給予他人安心閱讀的感受。

自介欄填寫的內容，就是本書第三章傳授的自我介紹。請配合社群平台的字數限制，進行調整。

▼積極貼文、四處留言，別人才會知道你

請注意，無論你的自我介紹欄寫得再好，不去留言、不發表新貼文，就不會有人點進去看。

請思考一個問題：那些網路上的陌生人，會在什麼契機下，點開你的個人自介欄呢？

第一個是「常常來我家留言的人」。你會好奇這個人是誰，進而查看他的自介檔案。另一種則是漫無目的上網瀏覽，偶然看見你的貼文，心想「這篇文章的作者是誰？」，進而查閱作者介紹欄的人。

換句話說，想要別人看見你的個人檔案，你得先去別人家留言，或是積極發表貼文才行。付出行動才有收穫。

重點整理

好好填寫自介欄，其他人才讀得安心，覺得你值得信賴。

你發出的所有訊息，都是自我介紹

這不限於社群網路，請建立以下心態：**你發出的所有訊息，都是一種自我介紹。**你的訊息就是你的分身，你的一舉一動都是在昭告天下「我是怎樣的人」。

舉例來說，會在平日白天po出機場照片，同時發文談論工作的人，就是在自我介紹「我的工作經常需要搭飛機，在世界各地飛來飛去」。

每天早上po日出照片，一邊晨跑的人，就是在自我介紹「我有晨跑的習慣」。

常常po高級餐廳用餐照的人，就是在自我介紹「我的身分地位會在高級餐廳用餐」。

喜歡在假日po家庭活動照的人，就是在自我介紹「我很愛家，我放假時間都拿來陪家人」。

其中也有反面教材。喜愛po文抱怨主管、抱怨同事、動不動說別人壞話的人，就是在自我介紹「我喜歡有人聽我抱怨、聽我說別人壞話」。

你會想跟滿口抱怨、愛嚼舌根的人當朋友嗎？當然不會。所以，你越常公開發表這類訊息，越容易斷送締結新人脈的可能。

▼按讚留言是一種表態，也是一種自我介紹

在社群網路上替別人按讚、留言，也是在釋放訊息。

以推特來舉例，你追隨的帳號只要進行轉推，就會在帳號首頁公開顯示「○○已轉推」的訊息，同時跳出轉推的內容。透過這種「○○已轉推」的方式，把「誰分享了誰的po文」進一步地推廣出去。

這種分享、傳播的方式，能讓貼文被更多不認識的人看見。有人會好奇「這篇文的作者是怎樣的人？」，因此查閱你的自介欄。這時候，只要你的自介能打動人

心，對方就會因為想要多看一點你提供的內容，決定追蹤帳號，提出交友邀請。

在別人的文章底下留言，一樣能創造新的契機。

重點整理

除了在社群網路發的文和自介欄介紹，你給的讚和留言也是一種公開訊息（＝自我介紹）。

看到感興趣的帳號，不妨積極追蹤、加好友

想要有人追蹤，你要做的第一步是主動追蹤、提出好友邀請。

社群網路顧問經常提醒：「經營社群的理想目標是，自己追蹤的人數很少，但擁有多出好幾倍的追蹤者。」這的確是理想狀態，但除非你本來就是名人，否則一般人很難一開始就吸引一堆人來追蹤。

如同我在前面章節所講，「施比受更有福」，由你主動出擊。

▼提出交友前，仔細讀過對方的自介欄

無論是追蹤還是發出好友邀請，都只要輕輕一點就能完成。因此，要請你特別留意，不要亂加一通！要加平時會來留言的人嗎？還是現實中有交集的朋友呢？**請好好思考，建立屬於你的原則再下手。**

我們很容易在社群網路加到上千、上萬個朋友，遠超過我們能在現實中見到的人數。但是，不管加了再多好友，平時有互動的頂多數十人。有些人喜歡加一堆人來強調自己吃得開，實際見面才發現沒有內涵，只是沉溺在表面上的數字而已。

還有，發出交友邀請前，務必花點時間看過對方的自介欄。

尤其是臉書，許多人會在自介欄強調「加好友先傳訊」。請按照指示做。因為就算有這項規定，沒傳訊就直接發邀請的人還是非常多。所以，只要你記得傳訊打招呼，就能帶給對方「他有用心看過我是誰」的好印象。

重點整理

不要亂加一通，
請建立自己的加友原則，
用心結交值得真心交往的朋友。

感謝對方回追必寫的四件事

當你發出好友邀請、追蹤邀請後，對方接受了你的邀請，一定要記得發訊息感謝對方。

感謝的訊息提到以下四點，就能獲得好印象。

- **簡單的自我介紹（只有名字也OK）。**
- **感謝對方接受邀請。**
- **為什麼想認識他。**
- **加上一句「不用回覆」。**

下面介紹兩個例子。一個是希望藉由認識對方獲得成長，另一個則是有共同的興趣，希望同好間能多多交流。

【例一】

村田先生，您好。

我叫橫川。

冒昧提出好友邀請，謝謝您答應。

您在文章中提到如何看待心靈創傷，是我之前沒看過的觀點，我覺得獲益良多，想多了解一點，所以發出了邀請。

我最近正苦於人際關係，您的文章宛如及時雨，提供了解決問題的方向，我想好好向您道謝。一樣期待您之後的更新。

PS：不用回覆，謝謝您。

【例二】

高橋先生，您好。

我叫橫川。

感謝答應交友邀請。

我在瀏覽川崎前鋒隊的主題標籤時，在眾多貼文中，看到您拍攝的選手照片與撰寫的報導，讀起來生動有趣，可以感覺到您對川崎前鋒隊的熱愛。我也是川崎前鋒隊的球迷，有機會的話，想與您交流，因此提出了交友邀請。一樣期待您之後的更新。

PS：不用回覆，謝謝您。

▼傳訊的重點放在「稱讚」

介紹自己的時候，如能簡單交代提出邀請的具體原因，對方就會記住你。因為大部分人在提出交友時都不會說明原因，有說的人就能加強印象。

此外，如果有人介紹你來，你也可以一併在訊息裡告訴他。

【例三】

● 是陸田先生推薦我來的，他說「這個人的文章，每一篇都值得看」。

● 我在前田先生的文章底下看到您的每一則留言都好有趣，所以追蹤了您的帳號。

有些人可能擔心：「這樣太長、太瑣碎了，萬一對方覺得你很煩怎麼辦？」但我相信一般人收到讚美都會欣然接受，只有性格非常扭曲的人才會有那種想法。此外，我的經驗告訴我，儘管寫長了可能會佔用時間，但這也是一種答謝對方認真發文的方式。

這是有根據的，戴爾・卡內基（Dale Carnegie）在他的名著《卡內基溝通與人際關係》當中提到：

自我肯定感與食欲、睡眠欲同等重要，而且極少被滿足。

此外，二十世紀的偉大心理學家西格蒙德・佛洛伊德（Sigmund Freud），把這種自我肯定感形容為「想要變偉大的願望」；美國一流哲學家、教育家約翰・杜威（John Dewey）也以「重要人物應具備的欲望」稱之。

主動說明想認識對方的原因，可以滿足對方的「自我肯定感」。原因寫得越具體，效果越好。但要注意，不要寫太長，最後變成都在寫自己的事。建議送出前重看一遍。

最後，**請貼心地附上一句「不用回覆」，才不會繼續剝奪對方的時間和精力。**要知道，對方光是願意把你的訊息看完，就已經耗損了時間和能量，這時候如果還貪心地要求對方回訊，就超過尺度了。

一般來說，回訊給陌生人需要拿捏語氣，用掉的時間和精力也特別多。為了減輕對方的負擔，請當個貼心的讀者，加上一句「不用回覆」。

這也是多數人不會做的事，絕對能在印象中加分。況且，即使寫了「不用回覆」，九成以上的人收到之後，仍會禮貌性地回一聲。

如此一來，儘管你沒在訊息當中介紹到自己，只要對方感受到「不用回覆」所蘊含的心意，一定會主動查詢你的檔案頁、閱讀你的發文。

重點整理

如實傳達交友原因、稱讚對方的優點，可提升對方的自我肯定感，增進良好的互動。

初次交流，切勿冗長地介紹自己或推銷產品

事實上，如同前面的例句，只在自我介紹中提到自己的名字，這樣就很簡潔有力了。

你也許會想：「這不是一本教人『自我介紹』的書嗎？好好在社群上宣傳自己，難道不重要嗎？」是的，但不需要在打招呼時說，否則很可能反過來造成別人困擾。陌生人突如其來的自我介紹一點也不吸引人，第一次傳訊就急著介紹自己是誰，只會給人強迫推銷的感受。

請建立正確認知：人最感興趣的事物永遠是「自己」。坦白說，別人根本不在乎你是誰。面對陌生人唐突的自我介紹，只會讓人覺得這個人是來推銷產品，或是

別有所圖。

在此，我舉四個臉書和推特實際收到的訊息，當作反面教材：

【例一】店家傳來的訊息

午安，冒昧打擾，
感謝您接受交友邀請。

我叫□□□，
在東京都〇〇區××商店街
開了一家名叫△△的沖繩家庭料理店。
您若是對沖繩菜感興趣，
有機會務必前來品嚐。
麻煩您了。

這是我在臉書收到的訊息。

語氣很客氣，但看起來只是複製貼上，傳給任何人都一樣，收到一點也不開心。從訊息的內容看來，對方感興趣的對象不是我，而是我的錢。對方丟來一串訊息後，從此再也沒有任何互動。

【例二】第一封訊息就是推銷工作

您好，突然追蹤，打擾了。

我專門在臉書上介紹工作，

請問您有興趣兼差嗎？

麻煩回覆了。

這是在推特收到的訊息。很奇怪吧？明明是推特，介紹的卻是臉書的工作。世界上哪有人會被這種訊息吸引啊？還有，到底是想介紹什麼兼差給我啊？雖然可疑到想質問對方，但連回訊都是浪費時間，我收到通常不予理會。

這個也和前例一樣，從此以後再也沒有互動。

▼讀了讓人煩躁的訊息

那麼，下面這種呢？

【例三】想用成功案例來釣魚

橫川先生，您好。
我是〇〇的△△。
我的工作是協助專業技術人員轉型，把勞力密集型作業自動化。
我瀏覽了橫川先生您的臉書，認為您需要這項技術，所以冒昧提出好友邀請。
是這樣的，我在過去的八年間，都在協助專業技術人員創造年度營收總額一千萬至十一億圓的商業模式。
現在，我舉辦了勞力密集型作業自動化轉型的免費線上課程講座，與各位分享實務經驗。

勞力密集型作業正面臨殘酷的現況，很多人一天做超過十四個小時也無法休息。

工時已達上限，無法創造更多收益。

加上不確定這種狀態會持續多久，對未來感到徬徨。

我專為這些技術人員量身訂做全新的工作模式，讓他們專注於自己感興趣且擅長的領域，把每日的工時縮短至四到八小時，業績維持穩定成長。

我會在課程中講解轉型為經營者模式的具體方法。

我認為這能有效解決橫川先生您的需求，所以發出了邀請。

請您抽空看看以下連結網址，裡面有進一步的課程介紹。

這是我在臉書收到的加友訊息。

遣詞用字很客氣，自我介紹不忘加上前後比較數據，最後不忘提醒希望你採取的具體行動。我相信這封訊息的編寫，一定做了許多功課。

可是，讀起來很煩，對吧？我把這封訊息貼給其他朋友看，他們也有同樣的感覺。

到底為什麼會煩躁呢？我嘗試尋找原因，發現這封訊息開頭和中間穿插的「橫川先生」完全能套用其他名字，寄給其他人。因此，讀的人很容易覺得不受重視，感覺對方說穿了就是想賣課程。

這個案例也和前面案例一樣，丟來之後就沒了聲息。

▼訊息的重點只有「想增加好友數」

下列交友訊息也是不良示範：

【例四】從共同好友連過來

您好，我叫○○○。我是助人提升自我感覺的心理訓練師。
我發現我們有共同好友，所以提出了交友邀請。
麻煩您了。

「因為有共同好友」是很常見的交友原因，每個人應該多少都遇到過。因為首頁自動顯示「共同好友」，很自然就按下了交友邀請。請注意，在這種情況下，特地傳訊告知原因只會造成反效果。

「因為我們有共同朋友，所以我想加你好友」，這麼隨便的理由完全無法打動人心。坦白說，看起來只是想增加好友數吧。

附帶一提，我有回訊謝謝他加我。然後，他只回我這麼一句話：

午安，橫川先生。動作好快，謝謝！

以上四個反面例子，都有一個討人厭的共通點，很多人常常忘記這點。在下一節，我會仔細說明。

重點整理

不要傳送冗長的自我介紹，完全不懂得體貼人心，也不要突然開始推銷產品。

螢幕後方的人和你一樣

社群網路大多透過文字交流，不用即時面對面說話，可自由運用時間，把想說的話交代清楚，缺點也如前面的四個例子，許多人傳訊前完全不顧慮別人的感受。

我就直說了吧，電腦、手機螢幕後方的人和你一樣，最關心的對象是「自己」。他們對素昧平生的陌生人沒興趣。

既然如此，社群網路的魅力到底是什麼？

當然是希望有人來看自己的東西。說穿了，就是希望別人注意到自己。

這樣的需求可以藉由你的點閱、留言獲得滿足。你滿足了他們的願望，他們自

然會對你產生好感。

不過，千萬別忘了拿捏尺度。對方沒有義務和責任，非回覆你的訊息和留言不可。回覆訊息會剝奪別人的時間和精力，這點請務必牢記在心。

如果送出的訊息和留言沒收到回覆，也不要發訊去催，或是一再重複留言提醒。

別人有自己的步調。「為什麼已讀不回？」這樣的訊息連熟人之間收到都會嫌煩，相信你自己也不想收到。己所不欲，勿施於人。

重點整理

傳訊、發訊息的時候，勿忘體恤別人「也想被關注」的心情。

說謊很容易被戳破

使用社群網路分享資訊時，即使有設閱覽權限，也請當作每個人都在看。

以下是真實發生的例子，一位女性上傳了一張去夏威夷玩的照片。平時照片底下都會充滿溫馨的留言，如「好羨慕喔」，那次卻不一樣。一堆人跑去留言：「妳為什麼在夏威夷？」、「真不敢相信妳毀約！」

原來這位女性在去夏威夷玩之前，舉辦了費用昂貴的課程講座，並答應其他參加者，之後會去他們各自舉辦的講座捧場，作為謝禮。怎知昂貴的講座結束後，她就人間蒸發，最後在社群上po出在夏威夷玩的照片。

那篇貼文底下充滿憤怒的留言，雖然很快就被刪除，但自從這件事之後，這位女性的信用一落千丈，舉辦講座也沒人要來，最後連帳號都整個不見，從此消失。

在社群網路信用破產的人會有的特徵

前面提到的女性絕不是單一個案，我聽過太多以「臨時有工作要趕」為由，推掉本來預定的人，最後在約定時間po出參加其他聚會的照片，就連我自己也遇過好幾次。

推掉與我的約定，選擇參加其他人的活動，表示是我這邊魅力不足，我有需要反省改進之處，我不該一味責怪對方。但是，無論是誰遇到這種事，久而久之都會自然疏離對方。

如同我在本節開頭說的，社群網路上沒有隱私。你根本不知道誰會看見你的動態。

我再舉一個例子。假設你剛在一場酒聚上，聽某A抱怨自己的大學老師，結果當天就在那位老師的公開臉書上，看見某A跑去留言：「老師的想法太棒了，我要一輩子追隨您！」人前人後，完全是兩個模樣。

你在心想「拍馬屁不累嗎？」的同時，對這個人的信賴感也打了折扣。

正因為社群網路已成為日常生活的一部分，人人都能發言，人人都能看到，所以正直的生活態度更加重要。**請誠實地表達自己，提升別人對你的信賴感。**

重點整理

在這個社群網路已成日常生活的時代，我們更應該拿出正直的態度，提升信賴感。

每個人對社群網路有不一樣的看法

對我自己而言，「社群網路的作用在於填補無法見面的時間」。我也喜歡與現實中見不到面的網友，藉由閱讀彼此的貼文、分享對事物的看法或價值觀，熟悉彼此的步調。如此一來，等到我們真的見面時，就會像認識多年的老友一樣，一見如故。

與見過不只一次面的朋友相處時也是，在我們無法碰面的期間，可以透過社群網路聯絡感情。

不過，這只是我個人的看法，相信你有不一樣的看法。每個人心中，都有各自對於社群網路的一把尺。

▼如何應對社群網路上的惡意攻擊

我們每個人在不同的環境出生長大，擁有各自不同的價值觀。

遺憾的是，有些人看見不合己意的言論就會發動攻擊。要是不幸遇上這種人，請這麼想：

這個人的想法和我水火不容，祝福他在其他地方找到知音。

接下來，就把這個人封鎖吧。

心理素質強大的人，也許可以享受這種異溫層對話，沒經過訓練的人光要應付就會累癱，不再有心情享受社群網路。

一般來說，只要你的文章裡不帶強烈批評，別人不會攻擊你。

如果突然受到攻擊，請檢視自己的貼文是否有哪裡看起來像是攻擊或是批評。

重點整理

被思考方式不同的人攻擊批評時，不用急著反駁，直接封鎖吧！別讓自己的心情受到影響。

第
5
章

吸睛自我介紹必備條件

還沒開口，外貌和氣質就決定了一切

「談話內容不重要，誰在說才重要」是時下的趨勢。

我在二〇一六年出版上一本書時，並未強調身分的重要，認為聽眾的反應，多數取決於談話的內容。不過，近幾年情況不同了，早在你開口以前，聽眾便在心裡決定要不要聽你說。

換言之，**你的外貌、給人的印象、流露的氣質，成為了決勝關鍵！**

於是，我請教了會親臨面試現場的企業老闆與面試官，詢問他們的意見，想解開「錄取的關鍵」。他們告訴我：「走進房間的那一刻，外貌和氣質就決定了一切，後續面試只是用來確認直覺是否準確。」

不過也有例外。

比方說，你以佳賓身分出席社交場合，主辦人隆重地向全場介紹你。在這個當下，目光焦點已集中在你身上，每個人都在好奇：「這個人是誰？」、「他會說什麼？」你能在受到矚目的情況下大方地自我介紹，根本不用煩惱沒人注意到你。

但我相信，你若常常有這種特殊待遇，就不會因為自我介紹而苦惱、拿起這本書，並且讀到這裡了，對吧？

本章就是教你如何在別人沒注意到你的情況下，迅速有效地自我介紹。

重點整理

在這個時代，
「談話內容」不重要，「誰在說」才重要，
外貌和氣質決定了一切。

用姿勢和笑容來為自己加分

我在第一章提到過，自我介紹不是從說話的那一刻開始，請將說話時的肢體動作、聆聽時的表情態度等一切表現，都當作自我介紹。

如何打造外貌和氣質？關鍵在姿勢和笑容。姿勢可以寫成「姿態的氣勢」，也就是說，你的肢體動作，會無意識地展露出你的氣勢。

看到姿勢端正的人，你有什麼第一印象？反過來，如果姿勢不好看呢？以下是我做的隨機問卷調查，以及受訪者的意見回饋。

【姿勢端正的人給你的印象】

- 自信洋溢、行動力強
- 迷人
- 光明磊落
- 工作幹練
- 有親和力
- 責任感強
- 具有美感
- 家教良好
- 乾淨清爽、為人可靠
- 威風凜凜
- 健康

【姿勢不佳的人給你的印象】

- 沒自信
- 內向
- 憤世嫉俗
- 好像很邋遢？
- 抓不到重點
- 笨手笨腳
- 難以親近
- 看起來很累
- 沒有活力
- 畏首畏尾
- 音量小
- 身體不健康

光是姿勢，就決定了你開口前給人的印象。

在缺乏資訊的情況下，人會按照外觀判斷一個人的形象，並且憑感覺聽他說話。

此外也有人告訴我，如果外觀看起來和藹可親，別人也會覺得你說的話和藹可親。如果外觀看起來消極負面，別人也會覺得你說的話消極負面。

「如果聆聽的時候姿勢不佳，輪到他上台說話時，不管姿勢調整得再好，都無法抹除邋遢、不老實的印象。」

這句話告訴我們，請建立「你在聆聽時，別人也在看著你」的正確心態。要是覺得沒人在看，很容易會鬆懈，導致「原形畢露」。

請把自己說話的模樣錄下來，仔細確認動作表情。影片中的你，就是別人看到的模樣。剛開始或許不太習慣，但請多看幾遍，習慣之後進行調整。

重點整理

說話時和聆聽時，「姿勢端正」的人可以賦予旁人良好的形象。

覺得「沒人在看」就會「原形畢露」

《打動人心日本演講報》的主編水谷守人先生，曾和我分享國際小姐（Miss International）日本大會評審的審查標準。

國際小姐選拔賽的參賽者，哪一位不是美麗動人、身材姣好、笑容可掬、氣質出眾呢？

既然如此，要從哪裡看出差異？聽說除了看登台時的臨場表現，最大的落差就是表演完回到後台坐下時的動作姿勢。

參賽者在評審面前，當然會拿出自己最好的一面，不過回到後台，覺得沒人在看，很容易就會鬆懈下來，導致「原形畢露」。

聽說評審真正看的是這裡。

你能在沒人注視的日常生活中，自然地保持優雅嗎？辨得到的人，就能在獨處的時候維持漂亮的姿勢、動作和表情。

▼你說的內容其實沒人記得

這麼說好像在否定本書主題，但我必須老實說，無論你的自我介紹多麼精采，也很少會在人們心中留下來。

比起精采的內容，能讓人記住的永遠是自然的笑容、真誠的鞠躬，以及舉手投足間流露的氣質。

這不是一朝一夕能練成，需要長期的努力。

問題來了。聽到「還需要努力」，彷彿宣判了達成的日子還很遙遠，難以持之以恆。

這不奇怪，要改善多年來養成的壞習慣，絕非易事。

不過，只要好好實踐下一節傳授的「自我介紹開始前，一定要做的三件事」，就能迅速掌握良好的儀態，讓你印象大加分！

別侷限於社交場合，請在日常生活中一起落實，漸漸地，你就會自然展露出優雅自信。

重點整理

平時就要學著練習，即使在沒人看見的地方，也要保持優雅的儀態笑容。

自我介紹開始前，一定要做的三件事

自我介紹前，先做以下三件事：

- **抬頭**
- **挺胸**
- **敬禮**

抬頭時，要把脖子擺正；挺胸時，要敞開胸膛。完成抬頭挺胸的動作後，在正確的姿勢下行禮。

現代人受到智慧型手機和電腦工作的影響，脖子很容易向前傾。脖子一旦向前傾，頭就會往前凸出。受影響的不只脖子，頭部的重量會使重心失衡，為了維持平衡，很多人會習慣性駝背。

因此，只要你的姿勢比別人漂亮，馬上就會顯得氣質出眾。

首先，請想像天花板拉住頭頂，接著抬頭挺胸，姿勢自然會獲得矯正。

維持姿勢，收緊臀部，敬禮後再開口。

「維持姿勢」很重要。很多人敬禮時只有脖子往下彎，這樣會破壞姿勢，使印象分數大打折扣。

▼從容不迫、充滿心意的敬禮，是最強武器

實際試過「抬頭、挺胸、敬禮」的連串動作後，你應該能馬上感覺到自己的動作慢了下來。放慢動作會給人一種用心仔細的印象，也幫助你從容不迫地說話。

請回想一下多人自我介紹的場面，會仔細敬禮再說話的人一定很少。我至今替

▼ **說話前三步驟：「抬頭、挺胸、敬禮」。**

① 抬頭

想像天花板拉住頭頂，直直地站好。

② 挺胸

脖子擺正、敞開胸膛。

③ 敬禮

維持②的姿勢，用三十五度角慢慢行禮。

④ 說話

回到②的狀態，開口說話。

數千人調整過自我介紹，其中會敬禮的人寥寥可數。

所以，**一個從容不迫、蘊含心意的敬禮，能讓你立刻受到矚目！**當然，臉上寫著「不需要敬禮，快點開口」的人一定有。但是，會因為別人細心敬禮就煩躁的人，在日常生活中可能也是有一點不如意就亂發脾氣，跟這種人在一起只會磨耗心力。開口說話前用心敬禮，可以替你避開這種人。

重點整理

抬頭挺胸、從容不迫地用心敬禮，可以馬上讓你變得和別人不一樣。

從敬禮開始，從敬禮結束

自我介紹的方式因應時間、場合的不同，也有許多做法，但有個日本古訓請你記住，那就是「從敬禮開始，從敬禮結束」。在任何場合都這麼做，能為你博得好印象。

古時候的大人物非常重視敬禮。

例如，昭和時代指導過多位首相的思想家、教育家安岡正篤先生就曾說過：

「真心尊重一個人就會敬禮，任何事情都該從互相敬禮開始。」

「經營之神」松下幸之助先生也說：

「世界上有許多國家，民族和語言都不盡相同，但所有人都會在打招呼時表達禮儀，這是人類最自然的模樣，即『人之道』。」

▼全球矚目的日本特有文化「敬禮」

敬禮是日本文化象徵。尤其是在運動賽事，賽前敬禮特別重要。不只日本這麼做，現在全世界都能看到選手敬禮。

二〇一九年由日本主辦的世界盃橄欖球賽，發生了一件具有象徵意義的事。打入準決賽的紐西蘭代表，在初戰結束後，對著觀眾席上滿滿的日本球迷敬禮，擔任主將的基蘭・里德（Kieran Read）說：

「我想盡可能入境隨俗，答謝日本球迷的支持。你們今天也好棒，我看見很多人穿著紐西蘭國家代表隊的黑衫，所以也想用日本人熟悉的方式表達謝意。」

這個「敬禮」也帶起了一股風氣，以紐西蘭代表隊為首的其他國家，如義大利、薩摩亞、納米比亞、威爾斯、愛爾蘭，也紛紛在賽後無關勝負地向球迷敬禮。儘管語言不通，但光靠敬禮，心意就能相通。

運動賽事體現了松下幸之助先生闡述的精神。

除此之外，與世界盃橄欖球賽同時舉辦的女子排球世界盃大賽，日本選手在進場、離場時的深深敬禮，同樣引發了熱烈討論。

在下一節，我將告訴你為什麼需要敬禮，以及敬禮可以帶來什麼好處。

重點整理

在生活中落實「從敬禮開始，從敬禮結束」，就能成為一個討人喜歡的人。

為什麼要敬禮？

本節將深入探討「敬禮」。

其實光是談論敬禮，就足以寫成一本書了，我在這邊擷取重點。了解關於敬禮的知識以後，可以幫助你在敬禮的時候，動作更加細膩用心，給身體帶來良好的影響。

敬禮在現代日文寫成「礼」，傳統漢字寫成「禮」，裡面雖然有個「豐」字，但不是取「豐碩」的意思，而是指「裝盛供品的容器」；左邊的「示」則是向神祈福的神聖底座。

由這兩個字組成的「禮」，用來形容執行「神聖禮儀」的場景。

我們平時雖然常常敬禮，但恐怕只有神職人員在敬禮的時候，會留意到「神聖禮儀」的意義。

請回想學生時代上課前，固定要做什麼事呢？

「起立、立正、敬禮！」

我們從小跟著口號敬禮，對此並不陌生，但是從來沒有一位老師告訴我，「為什麼要敬禮」。

從前我以為那是從下課切換到上課的儀式，都隨便低個頭而已。直到二〇一七年的夏天，我才對敬禮這件事情改觀。

我在第二章介紹過的藍儂李，教會我關於敬禮的祕密。透過敬禮，我可以立即感受到身體的變化，從此以後，我每天都會練習敬禮。

不只是我，幾乎所有透過敬禮實際感受到身體變化的人，都會自然養成敬禮的習慣。接下來，請讀者跟我一起動一動。

「從敬禮感受身體變化」的有感練習

為你介紹身體實際有感的互動練習，請兩人一組一起做。

① 敬禮前先比腕力。

為了比較身體的變化，敬禮前，請先了解彼此的體能狀態。要注意，勿使用蠻力。一旦使用蠻力，就很難確認身體的變化了。

扣住兩手，慢慢喊「一、二、三」，同時施力。一邊比腕力，一邊感受對方的手勁。稍微用力就能分出勝負。贏的人是A，輸的人是B。

② 請輸的B花五秒鐘敬禮。

輸的B對著贏的A敬禮五秒。

敬禮時記得抬頭挺胸。

③重新比腕力。

和①相同，慢慢地進行腕力競賽。經過了正確的敬禮之後，B這次不用費什麼力氣就能輕鬆贏過A。

完成②和③後，改由A向B敬禮，再比一次腕力。你會發現A的力氣變大了。

〈要注意的地方〉

如果是一男一女，或是雙方力氣有明顯落差的情形，力氣小的一方很容易先入為主地認為「不可能贏」。在這種情況下，無法得到本頁的結果（一旦認為自己輸定了，就不可能贏）。因此，倘若雙方力氣有所差距，請比較敬禮前後的施力手感。例如，敬禮前一下子就被扳倒，在敬禮後沒那麼快被扳倒，這就是敬禮發揮了效用。

▼用敬禮取回「人類原始的自然平衡」

實際進行練習後，你會發現，小小一個敬禮的動作，竟然就能改變身體的狀態，我稱它為「平衡（neutral）狀態」。

「禮」在日文與「零」發音相同，可做不同的意義解讀。「零」即數字「0」，藉由敬禮，我們能將身體狀態「歸零」，調整為平衡中立的狀態。

這麼做可以取回人類本來的自然平衡，使人恢復元氣（=本來的氣）。**因為會回復自然狀態，你在敬禮前摻雜的成見和焦慮，也會一併清除。**

你的緊張、焦慮、手忙腳亂，會連帶影響你的動作、姿勢和表情。這些全部能透過敬禮，一次重置歸零，幫助每個人恢復最自然的姿勢和表情。

如果學生時代有人早點告訴我這件事，我就會好好地「起立、立正、敬禮」，用最佳的平衡狀態聽老師上課。如此一來，就不會想東想西、上課不專心。改善了集中力，吸收力說不定會大幅提升。

接下來為你介紹「隨便敬禮」和「認真敬禮」的有感練習，請比較看看其中的差異。

「隨便敬禮」和「認真敬禮」的有感練習

如果像從前的我一樣，不了解敬禮的意義而隨便敬禮，是不會出現效果的。隨便敬禮和認真敬禮的差異究竟有多大呢？請透過身體實際感受。

①敬禮前先比腕力。

和前面一樣，贏的人是A，輸的人是B。

②A隨便敬禮，B認真敬禮，再重新比腕力。

A只是稍微彎下脖子隨便點個頭，B則是抬頭挺胸地仔細敬禮。這邊的「仔細」指的是花五秒鐘好好敬禮。

雙方都敬禮後，重新比一次腕力，結果是B會贏（但也有可能如前面所說，雙方因為力氣差距太大，B還是輸了。這時候，請B確認認真敬禮前後的施力變化，這樣的變化，A也感受得到）。

③換成A認真敬禮，B隨便敬禮，再重新比腕力。

兩邊交換看看。在②輸掉的A能輕鬆獲勝。

我在演講和講座上，都會請台下朋友實際體驗，很多人都因為差異之大嚇了一跳。不少人擔心「萬一認真敬禮後還是輸了怎麼辦？」，那些人試過後都嘆為觀止，和我在二〇一七年夏天初次體驗的感想一模一樣。

重點整理

正確的敬禮，可以喚醒身體本來的自然平衡（neutral）狀態。

用敬禮消除緊張，自然地說話

敬禮具有緩和緊張的效果。

我知道許多人是因為「在人前說話會緊張，尤其要自我介紹」，而來參加我的講座。我不會只提出「觀念」，告訴他們「怎麼做才不會緊張」，而是請他們親自做做看。

實際做法就是請他們比較「隨便敬禮」和「認真敬禮」，兩者對說話帶來的影響。

越容易緊張的人，越需要透過正確的敬禮方式，截斷緊張的情緒。帶著緊張的情緒上台，會把焦慮傳染給其他跟你一樣容易緊張的人，使會場氣氛緊繃。

好好敬禮之後再開口，不但可以消除緊張，還能幫助你用自然的動作語氣說話，台下的人也會因為感受到你的放鬆而安心聆聽，使會場氣氛輕鬆愉快。

自我介紹前擔心自己講不好、別人會怎麼想……種種的自我質疑，都能藉由敬禮找回平衡，讓你輕鬆自然地發話。

重點整理

認真敬禮可以消除緊張，
讓你用最自然的動作表情說話，
聽的人也會因此放鬆下來。

用敬禮表達敬意

聽到人家說「謝謝」，你是否曾在內心懷疑「真的假的」？這恐怕是從話語的背後讀出了其他意思。很遺憾，無論話說得再怎麼漂亮，光憑話語都無法打動人心。堆砌過多的華麗詞藻，還可能適得其反。

人可以說謊，但行為騙不了人。你的行為，包含了下意識的舉動。

舉例來說，有些人嘴上強調「我的危機處理能力很好」，真的需要冷靜應對時，卻雙膝打顫、表情緊繃，這樣誰還會相信他很冷靜呢？

▼松下幸之助也是敬禮大師！

只要用心「尊重」對方，就能好好敬禮。

《PHP》雜誌二〇一六年四月號，分享過一篇跟松下幸之助先生有關的敬禮趣聞。

內容是松下電器（Panasonic）的某位合作廠商，回憶他第一次見到松下幸之助先生、和他打招呼時的情景。當時，那位廠商只是一般員工，松下先生已是家喻戶曉的「經營之神」。

我向松下先生鞠躬。我的動作比平時的敬禮還要莊重。但是，就在我抬起頭時，竟然看見對我深深鞠躬的幸之助先生的後腦杓！我才趕緊又低下頭，屏氣凝神，打算等他抬頭，自己再起來，卻遲遲等不到他起身。冷汗滴了下來。那數十秒，不，也許只有兩、三秒，感覺就像永恆那般漫長，令我永生難忘。

「如結實纍纍的稻穗低下頭」——這個故事的畫面，完全符合了這句話。松下幸之助先生並沒有因為當上大企業老闆就不再敬禮，而是畢生奉行著尊重他人的原則。

自我介紹前先敬個禮，也是表達對別人的敬意。反過來，倘若沒有敬禮就開始，彷彿眼裡容不下其他人，只想沉溺在自己的世界，「趕快在有限時間內把自己想說的話說完」。如此一來，聽的人也會下意識接收到這股訊息，心裡覺得「雖然說得很精采，但總覺得哪裡怪怪的……」，無法完全相信你。

重點整理

認真敬禮，表達對別人的敬意，你的話語才能敲響人心。

報出名字就會產生力量

本節回到自我介紹的具體方法。

敬完禮，擺正身體後，接下來要做的第一件事是報上「姓名」。

這個「報出名字」的動作，會活化身體的DNA和細胞，提高身體機能。

以下介紹兩種有感練習。其中之一是剛剛介紹過的比腕力，另一個叫做「側推法」，這是藉由橫推身體，確認力氣變化的練習。

「比腕力」的有感練習

①兩人先比腕力。

扣住兩手，慢慢喊「一、二、三」，同時施力。一邊比腕力，一邊感受對方的手勁。稍微用力就能分出勝負。贏的人是A，輸的人是B。

②B報出全名，重新比腕力。

B說出「我叫〇〇〇（全名）」，然後和①時一樣施力。儘管差異不如敬禮明顯，但B的力氣微微增強了。

③接著換A報出全名，再重新比腕力。

感受完B的力氣變化後，這次換A說「我叫□□□（全名）」，再次比腕力。你會發現A恢復了優勢。

「側推法」的有感練習

①A直立站好，B從側面推他。

請A「步伐與肩同寬」、「放鬆力氣」、「立正站好」。B從側面輕推，先從一根手指開始，慢慢增加為二根、三根……循序加強力道，看要用幾根手指才能推動A的身體。

②B接著問A的名字。

③B問A名字，A回答「是」。

「你的名字叫做〇〇〇（全名）嗎？」

④B再次從側面推A。

A回答「是」之後，B從側面推他。這時，應該會因為A站得很穩而嚇一跳。

⑤B改問A是不是叫別的名字，A回答「是」。

例如問他：「你叫山田太郎嗎？」

⑥B再推一次A。

不同於④，A一下子就腳步不穩。

這是潛意識影響肌肉生理反應機能的實例。當潛意識判斷眼前的資訊（這裡是「名字」）是真的，就會安心地提升身體能量。

也就是說，在沒有壓力的情況下，腦部可以順暢地傳送信號至身體各部位，提升效能。反過來說，聽見假資訊，身體會產生警戒，壓力也導致機能下降。

你可能心想：「我只是想看自我介紹怎麼寫，為什麼非得起來動一動啊？」但是，我希望你透過有感練習，親身體驗報出名字後的力氣變化。

「百聞不如一見，百見不如一體驗」。

請報出自己的名字，感受一下前後差異吧。

重點整理

實際「說出名字」，可以活化人體的ＤＮＡ和細胞，提升身體機能。

「命名故事」迅速有效

本節介紹的「命名故事」，也是第二章登場過的企業顧問，小田真嘉先生教我的。他從前參加業務員培訓營時，習得了厲害的命名故事，聽說就是這一招，讓業務們拿下一張又一張的訂單。

接下來教你的「命名故事」，你將終生受用，還能配合場合調整版本。

馬上按照以下步驟寫寫看吧！

① 把名字裡的每一個字都查字典，看看有什麼意思。漢字和諧音都可以查。

② 搜尋使用該字的詞語或同義詞。

③說文解字，找出關鍵字。

④列出每個字的關鍵字及聯想到的事物。

⑤剛練習寫時，牽強也沒關係。多試幾次，慢慢修改成自己喜歡的樣子。

舉例來說，我的名字會是這樣：

橫……並排、橫行、橫穴式（日本古墳時代石室建築）、橫排、橫放

川……川流、河川、沖洗乾淨、水、流水

裕……富裕、充足、豐碩

之……道路、行走（日文諧音）

整理出來的故事如下：「開創人人平等、並肩齊行的潮流，通往豐碩的道路」。

▼和朋友合想命名故事，效果加倍！

這道習題可以自己思索，也歡迎找兩位以上的夥伴一起挑戰。有不同的人一起想，更容易打破你至今創造的形象。

借用別人的力量，納入自己從沒想過的新觀點，可以有效幫助你拓展路線。事實上，我和六人小組合想的命名故事更加有趣：

「橫川」如同世界四大文明匯集地，人們聚集在河邊，創造出文明及文化。

「裕」表示豐收。

「之」闢出了道路，向前踏出一步。

這樣的組合帶出了「人類聚集，創造文化，領導眾人通往豐收人生」之意。

「人類聚落和文化活動」即社群。「成為社群的領導人，身負使命，帶領眾人通往富足」，就是我在撰寫本書時用的命名故事。

這一招迅速又有效，推薦一試。

重點整理

思考命名故事，
不但能增加自我肯定感，
還能察覺自身的使命。

「請多多指教」的真髓

接下來告訴你「請多多指教」這句話帶來的效果。

無論寫字還是口頭說明，很多人都愛用「請多多指教」當作結語。

我在出版上一本書時，曾說過「最後不用加『請多多指教』」，這是因為，說了對方也無法回應。

重點是，這句話並非用來當作結語。**「請多多指教」代表的是「交付」的決心**，這也是藍儂李先生和敬禮一起教我的。

我們馬上用比腕力來測試看看吧。

「請多多指教」的有感練習

①兩個人先比腕力。

扣住兩手，慢慢喊「一、二、三」，同時施力。贏的人是A，輸的人是B。A請記住自己花了多少力氣贏。

②B說「請多多指教」，然後重新比腕力。

擺好動作之後，由B說「請多多指教」，和①時一樣比腕力。由A說明B的力道變化。

我讓很多人嘗試了這個練習，所有人一致表示「感覺變強了」。

在了解真義的情況下再做這個練習，身體產生的力氣又會更大。

重點整理

「請多多指教」不是用在結尾，
而是用來「敞開」雙方的心。

視線應該放在哪裡？

說出「請多多指教」後，就大方地接上第三章寫好的自我介紹吧。

這是我常常收到的問題，不限自我介紹，許多人都有這個疑問：「上台的時候，到底要看著哪裡說話呢？」你也許會擔心「沒人聽自己說」，這先撇開不談，請對著向自己點頭微笑的人說話吧。

經過了「抬頭挺胸、敬禮、報出名字、請多多指教」這套用心的前置準備，你身上會散發出一股氣質，一定會有人注意到你，你對著那個人說話就好。

你可能會自我懷疑：「如果真的沒人看我呢？」但就算沒人抬起頭，一定也有人正用側眼注視著你喔。

不過，倘若台下反應不大，感覺還是不自在吧。

這時候，請看著右後方或左後方，盡可能把視線拉遠，如此一來，就能保持「歸零」後抬頭挺胸的姿勢，說起話來自信洋溢，你也不用擔心「沒人理我」了。

自我介紹完畢後，再報一次名字，並向大家道謝，例如「我是橫川裕之，謝謝大家」，最後敬禮、結束（假如時間不夠用，最後這部分可以省略）。

重點整理

好好完成「抬頭挺胸、敬禮、報出名字、請多多指教」，一定有人注意到你。

「吸睛自我介紹」基本流程

這邊做個總整理，為你列出「吸睛自我介紹」的表達步驟。

基本上，「留下印象」比「內容」更重要，如此一來，就算你突然忘詞，最後只說了「名字＋請多多指教」，其他人聽了還是很有可能和你交換名片。

格式如下：

0. 抬頭挺胸微笑

1. 敬禮

2. 報出名字

3. 請多多指教
4. 第三章寫的自我介紹
5. 再說一次名字（可以省略）
6. 道謝
7. 敬禮

▼「敬禮」+「名字」+「請多多指教」的神奇力量！

「敬禮」、「名字」、「請多多指教」——明白了這三個動作背後的意義，你的自我介紹就會變得不一樣。

俗話說「知識就是力量」，了解文字代表的意義，已經大大增強你的氣勢！

重點整理

只要做到「敬禮」、「報名字」、「請多多指教」，就能抓住全場目光。

不用強迫自己「不緊張」

寫到這裡，重點也差不多說完了，但就如同我常在講座的結尾遇到的，依然有人會問：「即使已經站到台上，我還是很擔心沒人聽我介紹……」

請想像一下畫面：

你置身餐廳的社交會場，人數大約三十人，今日有包場，現場沒有其他顧客用餐，男女比例接近一：一，在聽完大家自我介紹以前，你無法得知他們從事什麼行業。活動一開場，主辦人寒暄後說：「那麼，現在立刻請各位上台自我介紹吧。」

這個要求來得突然，你可能會緊張：「我能在眾多來賓之中脫穎而出嗎？」

我先說結論吧。

你可以緊張沒關係的。你也許以為「緊張會讓我看起來不夠可靠」，這是很正常的反應，大部分人在緊張時更會要求自己「不要緊張」。

但是，**會緊張也是你個性的一部分**。如果你本身很容易緊張，卻逼自己強裝鎮定，模樣一定不自然，反而給人一種愛面子的印象。

你一定這麼想：「那我到底該怎麼辦？」在下一節，我會告訴你實用妙招。

重點整理

與其一直叫自己不要緊張，
不如放輕鬆接受它：
「緊張也是我的個性」。

用習慣動作忘掉緊張

過去活躍於美國職棒大聯盟的鈴木一朗站上打席時、橄欖球選手五郎丸步要踢球時，都有一連串的預備動作，在此稱為「習慣動作」。

習慣動作是期望完成某些舉動前的預備行動，在體育競賽常見於進攻前。

舉例來說，鈴木一朗站上打席時，會用右手舉起球棒，手同時往前伸，左手輕輕摸過右肩的袖子。

五郎丸步會繞球兩圈、把球擺好，然後退三步、左移兩步。接著，右手做出切球的動作再合掌，注視球門方向幾秒，在第八步起腳踢球。

這些動作具有多種效果，其中之一就是「安定精神」。

從事運動競賽的人，多少有過這樣的體驗：正式比賽壓力太大，身體僵硬，無法發揮練習時原有的實力。

日本運動心理學用語使用「劣化」來稱呼這個現象，指選手因為壓力過大及其他因素，內心出現動搖，陷入精神不安定的狀態。就連征戰過各種大場面的這些人，都會陷入精神不穩的狀態。

為了防止這種現象，才有一連串的預備動作作為預防。

▼用敬禮動作忘掉緊張

聰明的你應該發現了，沒錯，本書介紹的自我介紹基本流程，就是讓你忘掉緊張的習慣動作。

我在前述敬禮的部分說過了，「敬禮＝0（歸零）」。**用正確的方式敬禮，可以把內心的不安化為0**。0即自然狀態，歸零之後，你就能用最自然的狀態站上講台。

不過，就像職業運動選手需要練習，你也需要透過反覆練習，才能把敬禮化為習慣動作。

因此，請每天練習「吸睛自我介紹基本流程」的步驟0～3，這只需要花你五秒鐘。短短五秒鐘的習慣，就能幫助你在人前自然說話。「習慣動作」與「緊張也沒關係」，就是幫助你與緊張和平共處的最強武器！

重點整理

敬禮具有「安定精神」的作用，
把它練成習慣動作，
就能在人前自然說話了。

自我介紹成功的兩大祕訣

最後教你兩個必勝自我介紹小技巧。其實也不算技巧，說來就是「先下手為強」與「後下手為強」。

先說明「先下手為強」。

說穿了就是「第一個上台的人」。在這種場合，很多人都不願當第一，別人不想做的，就是你的機會！團體自我介紹時，**第一位自我介紹的人可以樹立範本，每個人都會專注聆聽**。

輪到第二個人之後，來賓通常都在動腦思考要怎麼介紹才好，沒有太多心思聽別人說話，頭也不太會抬起來，只有聽到感興趣的關鍵字才會專心聽。

另一個是「後下手為強」。

專心聽的人越少，你越要專心聽，**坐著也要保持抬頭挺胸的姿勢，認真注視對方的臉，邊聽邊點頭**。如此一來，介紹完的人從壓力中解放後，會懷著一種報恩的心情，心想「剛剛認真聽我說話的人上台時，我也要好好聽他講完」。

因為「後下手為強」而獲得交換名片機會的人，常常收到感謝：「我剛剛能把話說完，全多虧有你在台下聽我說話。」

重點整理

自我介紹成功兩大招：
「先下手為強」、「後下手為強」，
但要記住：姿勢端正最重要。

「結語」不代表結束

如同我在書中內容所一再強調，打從人類有史以來，沒有人和你走過相同的人生軌跡，現在或是遙遠以後的未來，也不會有人跟你一樣。從宏大的歷史觀點來看，我們每個人都是獨一無二、不可取代的重要一環。

這也表示，誕生在世界上的所有人，都擁有只有那個人才能完成的使命。我的使命到底是什麼？我見過許多人為此而苦。不明白自己的職責，自我介紹時就會詞窮。也許你也是會煩惱的其中一人。

有一件事我敢篤定，現在你眼前所看到的，就是你的職責。有太多人不把眼前的事物當一回事，終其一生都在尋找，因此忽略了眼前真正的使命。

我想對你說，不需要再大老遠地跑出去找了。好好感受腳下的真實，看看眼前的事物，相信現在能做到的，就是你的使命。那是你才有的天賦，你要如何改變身邊的人群？讓他們在未來的日子過得更好？請面對自己思考，把想法化為字句，在人前說出來。

這就是自我介紹。

本書已走到尾聲，但是，對在自我介紹上才剛踏出一步的你來說，這還只是起點。就連我也還有許多需要學習的地方，今後會繼續成長。

本書雖然標榜了「完全版」，但那只是我在寫作當下的最佳狀態。你現在讀的時候，也許我又向前邁出了一步。書不可能永遠是最佳狀態，所以，這篇「結語」不代表結束。

最後謝謝你讀到這裡。
期待聽你和我分享你寫的自我介紹。

橫川裕之

ideaman 137

18秒超強自我介紹術

翻轉人生，把人脈、工作、財源通通吸過來！

原著書名——すごい自己紹介〔完全版〕
原出版社——株式会社日本実業出版社
作者——橫川裕之

譯者——韓宛庭
企劃選書——劉枚瑛
責任編輯——劉枚瑛
版權——黃淑敏、吳亭儀、江欣瑜、林易萱
行銷業務——黃崇華、周佑潔、張媖茜

總編輯——何宜珍
總經理——彭之琬
事業群總經理——黃淑貞
發行人——何飛鵬
法律顧問——元禾法律事務所 王子文律師
出版——商周出版
台北市104中山區民生東路二段141號9樓
電話：(02) 2500-7008 傳真：(02) 2500-7759
E-mail：bwp.service@cite.com.tw
Blog：http://bwp25007008.pixnet.net./blog
發行——英屬蓋曼群島商家庭傳媒股份有限公司城邦分公司
台北市104中山區民生東路二段141號2樓
書虫客服專線：(02)2500-7718、(02) 2500-7719
服務時間：週一至週五上午09:30-12:00；下午13:30-17:00
24小時傳真專線：(02) 2500-1990；(02) 2500-1991
劃撥帳號：19863813 戶名：書虫股份有限公司
讀者服務信箱：service@readingclub.com.tw
城邦讀書花園：www.cite.com.tw
香港發行所——城邦(香港)出版集團有限公司
香港灣仔駱克道193號超商業中心1樓
電話：(852) 25086231傳真：(852) 25789337
E-mailL：hkcite@biznetvigator.com
馬新發行所——城邦(馬新)出版集團【Cité (M) Sdn. Bhd】
41, Jalan Radin Anum, Bandar Baru Sri Petaling,
57000 Kuala Lumpur, Malaysia.
電話：(603)90578822 傳真：(603)90576622
E-mail：cite@cite.com.my

美術設計——copy
印刷——卡樂彩色製版有限公司
經銷商——聯合發行股份有限公司 電話：(02)2917-8022 傳真：(02)2911-0053

2022年（民111）2月15日初版
2022年（民111）4月15日初版2刷
定價380元 Printed in Taiwan 城邦讀書花園 www.cite.com.tw
ISBN 978-626-318-126-7
ISBN 978-626-318-144-1（EPUB）

線上版讀者回函卡

國家圖書館出版品預行編目(CIP)資料

18秒超強自我介紹術/橫川裕之著；韓宛庭譯. -- 初版. -- 臺北市：商周出版；
英屬蓋曼群島商家庭傳媒股份有限公司城邦分公司發行, 民111.02
240面；14.8×21公分. -- (ideaman；137)
譯自：すごい自己紹介(完全版) ISBN 978-626-318-126-7(平裝)

1. 職場成功法 2. 人際傳播 3. 人際關係 4. 社交技巧 494.35 110021681

Idea
man